ひっくり返る地球

原 憲之介

ひっくり返る地球
自転軸は公転軸を目指す

海鳴社

まえがき

　19 世紀には、地球の年齢をめぐって、地質学的見地（ハットン、ライエル、ダーウィン）と物理学的見地（ケルビン）が大きく対立する問題がありました。20 世紀には、大陸移動をめぐって、地質学的見地（ウェゲナー）と物理学的見地（ジェフリーズ）が大きく対立する問題がありました。いずれも、地質学的見地の方が今日の見解に近いものでした。それぞれの方法論に立った主張で、議論がかみ合わなかったようです。象徴的言い方をすれば、「ザックとハンマー派」vs「紙と鉛筆派」の対決とでもいえるでしょうか。両者を併せ呑む巨人は存在したか、私は知りません。

　振り返れば、およそ当時の物理学の知見では及びも付かない問題が、地質学には内蔵されていたのです。その後、各派内の対立も激しくなり、事態は一段と複雑化し、栄枯盛衰の絡み合う様相を呈してきました。もっとも今日では、物理学によって、放射性元素の崩壊から、地球年齢は 46 億年と見積もられ、また大陸移動はプレートテクトニクス理論へと進化、常識化して、その後の地球科学の基盤（パラダイム）として一段落したというところでしょうか。これにより、日本列島は、地のぶつかり合いの真上に位置することがわかり、その住人は、もはや、地震・津波・火山からは逃れられない運命と理解できます。

　さて、21 世紀に入った現在、地質学は、またもや大きな問題に直面しています。それは、地質の野外調査から 7 億年前とか 20 数億年前とかの昔に、当時の赤道一帯が凍結していた痕跡が見つかったことに由来します。この凍結現象は否定しがたいという結論に達したのです。次に考えるべきことは、赤道が凍結したというのなら、一体、過去に何が起こっていたのか、という問題です。これを「低緯度凍結問題」といいます。そこで、どのように考えたらその問題に合理的説明がつくのか、その解答を求めようとします。

人というものは、そびえる難問を解決する統一的理論を構築しようと、あくなき知的冒険心にかられる性癖を持つとともに、その好奇心からはもはや逃れられない存在なのです。この追究は、万民が納得するまで、どこまでも続きます。

　まず、一貫した説明ができるように仮説を立てます。このとき、複数の仮説が立てられる可能性があり、それらの仮説の基本的見地が異なれば、当然、対立が生じます。それぞれの仮説を主張する対立は避けられず、結局は、歴史の淘汰にさらされ、決着がつくまで続くことになります。現時点において、この低緯度凍結問題には、いまだ決着がつけられていないと私は思っています。このような対立は、過去に幾多の例が見られ、一度見捨てられた仮説が、再び息を吹き返すこともあります。

　今のところ、この過去に起きたとされる赤道一帯の凍結現象には、大きく2つの仮説が出されています。1つは、スノーボールアース説（全球凍結・雪球地球説；カーシュビンク、ホフマン等）で、もう1つは地軸大傾斜説（ウィリアムズ）や地軸逆転説（寺石良弘）です。現在、前者が有望視され、後者は力学的根拠がないとの理由で否定視されています。

　結果として、あたかも決着済みであるかのような印象さえ受けます。それは、現代の物理学においては、地軸を大きく傾ける力（トルク；5章）はないとする見解が常識となっているからです。赤道が凍るくらいなら、地球全体が凍ると考える方が、力学的説明を必要としないという意味では、現代物理学の守備範囲内にあることになります。

　一方、地軸が大きく傾いたというのなら、その力学的根拠を示さなければなりません。地質学者が、野外調査を根拠に、いくら地軸大傾斜説を唱えても、受け入れてもらえないのが実状です。しかし、驚くことに地軸大傾斜説は、確たる力学的根拠が示せなくても、地質学的根拠のみから論文として公表を許されているのです。地質学界のふところの深さには頭が下がります。きっと、19世紀・20世紀における2大対立の歴史的経緯が今に生かされているのでしょう。たとえ、現時点においては物理学的に説明できなくても、将来は物理学的に証明できる可能性を排除しない、地質学界の奥深さと慎重さです。地質学界には、人知の可能性をおおらかに受け止める度量の存在が感じとれます。

　特に、地軸大傾斜説に対する、地質学と物理学の、それぞれの末裔（まつえい）の反応に

は、興味深い違いが感じられます。前者（地質学）は、足で稼ぐ同業者の研究を本気で検討します。地質学的見地には、状況証拠を集めて不動の結論へ到達すれば、そこから物理学的説明を要求することができるという思惑が込められているかのようです。地球年齢と大陸移動の問題で自信を深めたのか、地質学的見地は、今なお健在の感を受けます。現時点において物理学的根拠がないことにひるむことなく、自由に研究が進められる態度が印象的です。

　一方、後者（物理学）は、地軸大傾斜説を紹介はしても、物理学的根拠が無いとあっさりと否定的で、こちらにも自信の程が伺えます。研究者としての育ちの違いが、立場の違いとなって現れ、成長していく姿が印象的です。どのように万民納得の決着が付けられていくのでしょうか、興味は尽きません。

　対立する説は、後世の知にもまれ、細部にわたって検証を受けて、ある説は捨てられ、ある説は修正されながら進化していきます。歴史の波に淘汰されつつ、人はそびえる知の山を築き上げてきました。それが今では、一望できない程の巨大で堅固な山となりつつあります。本書は、その知の山ふところに抱かれて、地軸大傾斜説もしくは地軸逆転説に1つの力学的根拠となる仮説を建てようとするものです。その力学を、理論・実験の両面から提言しようとするものです。

　遊園地で、単純円運動する乗り物に乗って、ジャイロスコープを円運動（公転）させる実験をしました。ジャイロスコープの自転軸を、公転とは逆向きにスタートさせると、徐々にひっくり返り、最終的には公転と同じ向きにそろうことがわかりました。1890年の書物（ペリー）には、円運動させても自転軸の方向は、空間に対し、同一方向を指し続けると載っています。これが今日まで続く常識となっていますから、自転軸がひっくり返って公転軸にそろう実験は、100年来の常識を打ち破る実験ということになります。

　この実験事実を説明する力学理論を組み立て、さらには、その理論を拡張して、人工衛星の自転軸逆転の可能性を論じます。この力学を地軸に適用して、地軸傾斜角の46億年にわたる時間変化を求め、地軸大傾斜説や地軸逆転説の物理学的根拠を提示します。最後に、この力学理論の人工衛星による検証実験を提言するのが、本書の目的です。

　人工衛星の自転軸が、最終的に、公転軸と同じ向きになることが実証されれ

ば、地軸大傾斜説や地軸逆転説は物理学的根拠を持つことになります。ただし、この実験には、人工衛星に、9分間で1回転する（1分で40°しか回転しない）超低速の自転を与える必要があり、技術的困難が予想されます。この人工衛星を使った実験の重要性を理解する人が徐々にでも増えていくことを願い、また、それを実行する知的冒険心に富む勇敢な人たちの出現を期待して、本書を世に送る次第です。

　本書の出版に当たって、フリーの科学ライター・科学ジャーナリストの木幡赳士さんに、企画段階から編集全般にわたって甚大なる援助をして頂きました。彼の尽力により、本書は日の目を見ることができました。ここに、深く感謝申し上げます。
　なお、内容の正否に関する全責任は、著者にあることを明言しておきます。
　また、このまえがきに登場する人物については、巻末に簡単に紹介してあります。

2013年9月1日　　原　憲之介

目次

まえがき ……………………………………………………………………… 5

第1章 公転するジャイロスコープの逆転 …………………………… 13
  1.1 ジャイロスコープ ……………………………………………… 13
  1.2 回転今昔物語 …………………………………………………… 16
  1.3 100年来の常識を打ち破る実験
      ――自転軸は公転軸を目指す―― ……………………… 23

第2章 地軸は逆転したか？ ………………………………………… 30
  2.1 寺石学説 ………………………………………………………… 30
  2.2 登頂した山岳風景：第Ⅰ峰、第Ⅱ峰、第Ⅲ峰
      ――公転する自転軸の時間‐傾斜角関係―― ………… 34

第3章 歳差事始
      ――強制方向変化へは直交抵抗する―― ……………… 40
  3.1 コマの歳差 ……………………………………………………… 41
  3.2 車輪の歳差 ……………………………………………………… 43
  3.3 ジャイロスコープの歳差 ……………………………………… 44
  3.4 コマの立ち上がり・逆立ちコマ・ゆで卵の立ち上がり …… 46

第4章 回転運動とベクトルの外積 ………………………………… 50
  4.1 ペットボトルのふたの開け閉めと外積 ……………………… 51
  4.2 ピッチ・ロール・ヨーと外積 ………………………………… 54
  4.3 玉突き移動 ――サイクリック移動―― ……………………… 57
  4.4 基本ベクトル空間 ……………………………………………… 59
  4.5 オイラー角と角速度 …………………………………………… 63

第5章 ジャイロスコープ効果と外積 ……………………………… 66
  5.1 ジャイロ効果のココロ ………………………………………… 66
  5.2 ジャイロ効果の外積表現 ……………………………………… 70
  5.3 重力ジャイロ効果 ……………………………………………… 74

	5.4	公転ジャイロ効果 …………………………………… 76
	5.5	オスプレイの泣き所 ──緊張の 12 秒── …………… 78

第 6 章　公転するジャイロスコープの逆転の力学 …………… 87
　6.1　1 公転 ＝ 1 自転の関係：360°の強制方向変化 ………… 87
　6.2　定性実験と経験法則 …………………………………… 89
　6.3　軸受け摩擦モーメント ………………………………… 92
　6.4　重力ジャイロ効果からの指導原理 …………………… 95
　6.5　公転ジャイロの逆転の力学のあらまし ……………… 96
　6.6　定量実験との比較　──ジャイロ逆転論の検証── ……… 102

第 7 章　人工衛星の自転軸逆転と実験提言
　　　　──2100 年来の常識への挑戦── ……………………… 106
　7.1　人工衛星の自転軸は逆転するか？　──問題提起── …… 106
　7.2　人工衛星の自転軸逆転の力学のあらまし …………… 109
　7.3　人工衛星の自転軸逆転の実験検証
　　　　──実験の条件を探る── …………………………… 119
　7.4　自転がない人工衛星内で実現可能な実験 …………… 124

第 8 章　地軸逆転論が関連する諸問題 ………………………… 126
　8.1　地磁気の逆転 …………………………………………… 126
　8.2　ミランコヴィッチ・サイクル ………………………… 129
　8.3　低緯度凍結　──スノーボールアース説 vs 地軸大傾斜説── … 133

第 9 章　地軸逆転論 ……………………………………………… 137
　9.1　地球誕生時の自転軸の傾き …………………………… 137
　9.2　地軸の歳差と章動　──プラトン年運動── …………… 142
　9.3　地軸逆転の力学のあらまし …………………………… 147
　9.4　地軸の逆転運動　──60 億年の時間－傾斜角関係── …… 153

付録 I　寺石良弘による地軸逆転論に関する手書き論文の目次
　　　　………………………………………………………… 156

付録 II　シューラー周期（84 分 ──大地のゆりかご）……… 159

付録 III　第 4 章の数学的補足 ………………………………… 162
　4.6　座標変換表：3 つの座標系 $(\mathbf{i}, \mathbf{j}, \mathbf{k})$、$(\mathbf{e}'_1, \mathbf{e}'_2, \mathbf{e}'_3)$、$(\mathbf{e}_1, \mathbf{e}_2, \mathbf{e}_3)$ の関係　162
　4.7　回転によるベクトルの時間変化 ……………………… 164

付録 IV　第5章の数学的補足
　　──慣性モーメント、運動方程式とジャイロ効果── ……………167
　5.1-1　回転体の慣性モーメント ……………………………………167
　5.1-2　運動方程式とジャイロ効果 …………………………………175

付録 V　第6章の数学的補足
　　──公転ジャイロの逆転の力学── …………………………178
　6.5-1　基本方程式　──回転座標系── …………………………178
　6.5-2　自転＝0 の場合の公転偶力 …………………………………179
　6.5-3　自転≠0 の場合の公転偶力 …………………………………186
　6.5-4　方程式と解 ……………………………………………………188
　6.7　地球自転のジャイロスコープへの影響 ………………………189

付録 VI　第7章の数学的補足
　　──人工衛星の自転軸逆転の力学── …………………………192
　7.2-1　問題設定と基本方針 …………………………………………192
　7.2-2　自転＝0 の場合の有効トルク ………………………………193
　7.2-3　自転≠0 の場合の有効トルク ………………………………200
　7.2-4　基本方程式と解 ………………………………………………201

付録 VII　第9章の数学的補足　──地軸逆転の力学── ………203
　9.3-1　基本方程式 ……………………………………………………203
　9.3-2　$\theta \neq 90°$ の段階における歳差・逆転コンビ …………205
　9.3-3　$\theta = 90°$ における章動ジャンプ ………………………209

謝辞 ………………………………………………………………………212
あとがき …………………………………………………………………213
まえがきに登場する人物紹介 …………………………………………214
参考文献 …………………………………………………………………215
図の出典 …………………………………………………………………219
索引 ………………………………………………………………………220

第1章　公転するジャイロスコープの逆転

　回転運動には、私たちが日常の感覚からは想像しにくい効果が生じることがあります。本題に入る前に、そのことについて、少し話してみます。
　落としたコインが転がり続ける現象は、日常化した風景なので、不思議がる人もあまりみられないようです。しかし、コインを静止状態で垂直に立てておこうとすると、すぐに倒れてしまいます。回転が加わると立ったままでいられることには、私たちの日常体験の延長では、理由づけが難しくなります。少し、考えてみる必要がありそうです。
　コインが転がる現象を表す日常語は、「惰性（だせい）」でしょう。昔、車の「惰性走行」（クラッチを切ってエンジン - 車輪間の回転伝達装置を切り離し、ガソリンを節約する走行）をうるさく勧められた時代があったようです（戦後30年ぶりの帰還兵の懐旧談）。この言葉は、昔はよく理科系の分野で使われましたが、いまでは「惰性で生きる」といった日常語のニュアンスが禍（わざわい）してか、理科系で使われることはほとんどありません。
　今日、最もふさわしい言葉として使われているのは「慣性」です。慣性の法則などといわれる「慣性」です。慣性とは、現行の運動状態をいつまでも持続する性向を表す言葉です。止まっているものは、いつまでも止まっていようとする性向。運動しているものは、いつまでも同じ運動状態を続けようとする性向。「状態」を付け加えているのは、物理学の世界では、静止か、直線運動か、回転運動か、の違いをはっきりさせるためです。

1.1　ジャイロスコープ

　ジャイロスコープという、高校物理で使う実験器具があります（図1）。真ん中にコマがあり、その軸に穴が開いていて、それにひもを通して巻きつけ引っ

張って回します。本書では、コマを回すことを、自転させると言うことにします（スピンをかけるという言い方と同じです）。また、コマの軸（心棒）のことをジャイロスコープの自転軸と呼びます。

　コマは、ジンバルとよばれる金属製のリングを組み合わせた装置に収められています。このとき、自転軸は、重心の位置が宙に浮いたまま、外の空間に対し重心が固定された状態で、重心まわりにどの方向にも自由に向けるように設計されており、自由度3のジャイロスコープといいます。図1のS_1S_2軸が自転軸で、このまわりにコマ（ローター、ジャイロなどともいう）が自転します。これに直交するS_3S_4軸のまわりに内部リングは回転でき、さらに、これに直交するS_5S_6軸のまわりに外部リングが回転できる仕組みになっています。

　つまり、互いに直交する3つの軸、S_1S_2軸、S_3S_4軸、S_5S_6軸のまわりに自由に回転できるような構造に作られています。その結果、外の3次元空間に対して、真ん中のコマの自転軸S_1S_2は、重心のまわりに自由に回転できるということです。外国の文献には、自由度2（ジャイロコンパス）も自由度1もジャイロスコープという表現が見受けられますが、本書では、ジャイロスコープという言葉を、主として、日本では慣用的な自由度3に対して使うことが

図1　ジャイロスコープ（自由度3）
3つの直交するS_1S_2軸、S_3S_4軸、S_5S_6軸のまわりに自由に回転できる：自転軸は空間の一定方向を保つ

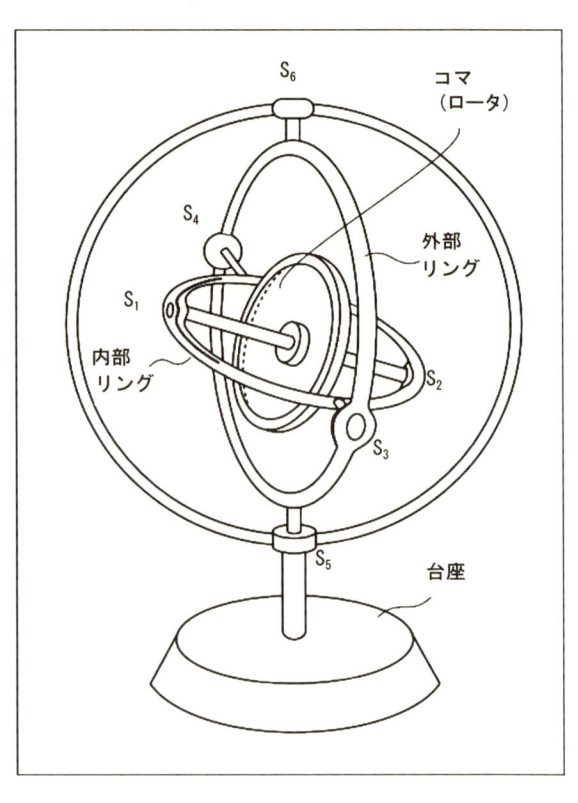

第 1 章　公転するジャイロスコープの逆転

多くなるでしょう。また、この言葉が本書には頻繁に現れますので、誤解の恐れがないときには、単にジャイロと略称する場合も多いと思います。

　追い追い話していきますが、この自由度 3 のジャイロスコープは、いったん自転が与えられると、宇宙空間に対して、自転軸の方向は変わりません。つまり、コマに力が作用しなければ、慣性の法則から同じ運動状態を続けます。自転が続く限り、安定した同一方向を指し示し続けます。これは、完璧な器具の場合の話で、支点のつくりが粗雑だと妙な動きをします。それは、本書の対象外とします。

　手でひもを引っ張って回すくらいですから、コマの自転の持続時間はたかがしれています。支点がベアリングなら、20 分位回るでしょうか？　ピボット状（尖ったクギ状）なら摩擦でもう少し短くなります。モーターの回転を摩擦で伝えて、中のコマを自転させる器具もありますが、それならもう少し長く続くでしょうか。本書では、回転中にずれを発生しない精巧な器具を使うものとします。

　ジャイロスコープの歴史を調べると、1744 年にサーソンが、船のどんな揺れにも、自転軸を水平に保つ人工水平儀を作ったとの記述が見つかります 1)。さらには、このサーソン式水平コマの記載は、1774 年 J. ロバートソン（John Robertson）の『航海術要論（The Elements of Navigation）』に行き着くようですが 2)、そこまでさかのぼることはよすとしましょう。

　現在一般的に使用されるタイプの自由度 3 の器具が世に現れたのは、1817 年ドイツの J. ボーネンベルガー（Johann Bohnenberger）の発明とされ、そのとき中のコマは球形で、それにひもを巻きつけ回転させたようです。その後、1852 年、フランスの物理学者 L. フーコー（Léon Foucault）が地球の自転を実証するために、彼の名前がついた振り子での実験に続く 2 番目の実験に用いて「ジャイロスコープ」と名づけたのが命名の由来で、その名が今日に至っているというわけです。

　図 2 がフーコーの製作した手動式ジャイロスコープの装置です。歯車を組み合わせた伝達装置でコマに高速回転を与えたのち、装置から切り離してジンバルに収め、自転軸に回転運動の自由度を与える工夫がなされたようです。ジャイロスコープは、ジンバルによってバランスがとられるように設計されているので、自転軸に重力の影響はありません。自転軸は、宇宙空間に対して常に同

一方向を指し続ける一方、地表に固定した部屋の方が、自転軸に対して動くことから、逆に地球の自転を証明したとされました 3)。

1.2 回転今昔物語

ここで、人類が回転なるものへ関わってきた経緯を簡単に振り返ってみます。そして、フーコーが、地球の回転を実証するために作ったジャイロスコープのその後について、本書のテーマに関連する範囲で整理しておきます。自然界にも回転はあります。渦・竜巻などの回転は、目で見てわかりますが、台風・地球自転となると大き過ぎてわ

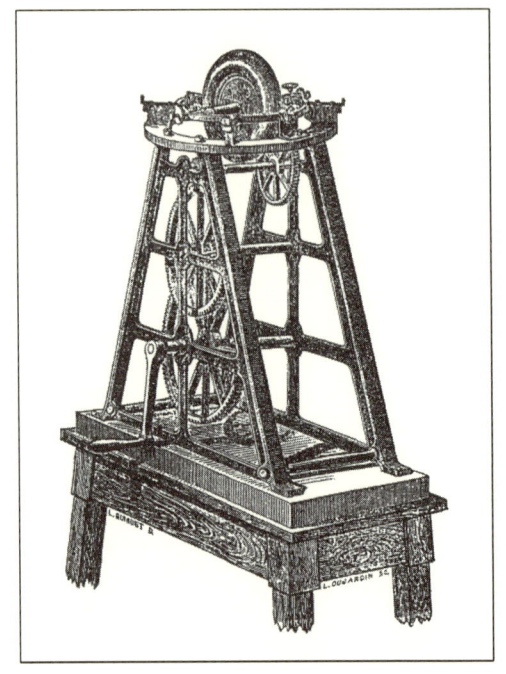

図2 フーコーが作製したジャイロに自転を与える伝達装置：高速回転後ジンバル枠に収められ、自由度3のジャイロスコープとなる

からず、回転現象という認識に達するには、相当な年数を要しましたが、ここではこれらは省き、人間の発明品に話を限ります。人類の回転利用の歴史は古く、その経緯には3つの系統が考えられます。運搬用の車の回転、生産用の機械の回転、コマからジャイロスコープへの回転が挙げられます。

（1）運搬用の車の回転

回転の利用として、素直に頭に浮かぶのが、車です。重い物を運ぶのに、引きずるよりは、転がした方が楽で、荷台を丸太に乗せ「コロ」として使ったとする推測にはうなずけるものがあります。数本の丸太を順送りに使う「自由コロ」から、両端近くを棒で固定し、くびれでズレ防止を施した「係留コロ」へと進化していったようです。

「車輪」の使用については、発掘調査から、およそ紀元前5000年前のメソポ

タミアが起源とされています。それは、丸太の輪切りではなく、平たい木材を円形に組み合わせた頑丈な車輪の遺物でした。土器製作の「ろくろ」もこの頃使われはじめたようです。その後は、荷「車」、馬「車」、戦「車」が世界各地で見られるようになりました。これらは、人や牛馬が動力源でした。現代では、蒸気機関車、自動車、新幹線へと発展していく系列です。人や物の運搬に利用する車輪の回転が、生活に直結した1次的利用と考えられます。

（2）生産用の機械の回転

　生産用の機械の回転として、水車・風車・原動機・ろくろ・はずみ車などがあります。水・風の流れを利用した自然を動力源とする水車・風車も、古くから灌漑(かんがい)、脱穀、製粉（回転式石臼）に利用されました。機械発達史の根本は、ローマ帝国時代の製粉水車にあるとの記述もあります4)。

　生産手段としてのこれらの機械には、回転は切り離せません。また、古い時代の足踏み式の、「旋盤」や「ミシン」などの、直線的往復運動を回転へ変換する際の、両端におけるぎくしゃく（加工物の固さや生地の厚さが変わるとき発生しやすい）を滑らかにするとか、レコードプレヤーのターンテーブルなどで、安定した回転を確保する補助手段としての「弾み車」の利用もありました。

　18・19世紀の「産業革命」以後、回転が大いに利用されることになります。生産の原動力としての原動機（蒸気機関、熱機関、電動機関）ばかりでなく、その回転を伝える伝達機構、末端の作業機などにも回転の利用があります 4)。この分野の回転も、生活に密着した1次的利用といえるでしょう。

（3）回転の2次的利用：おもちゃ（コマ）から研究（ジャイロスコープ）・コンパスへ

　本書が取り上げる回転は、前述の運搬・生産の動力源としての回転ではありません。いわば、遊びに属する2次的利用ともいうべき分野に入ります。遊びや儀式としてのコマが起源で、自転の特性を活かして、推進力としてではなく、地球自転の証明、方向の知覚・維持・誘導として利用するようになる系列です。

　19世紀に入って、高速回転の発生装置として、電磁モーターの発明があります。英国の物理学者で化学者でもあるM.ファラデー（Michael Faraday）のモーターの原理となる実験（1921年）に始まり、間もなく動力源として実用的な

発明品が生まれました。また、動力源というより、運行体の方向維持や誘導装置さらにはスタビライザーとして、ジャイロスコープの応用も盛んに研究・開発されてきました。ここでは、本書のテーマである、(3)の自転の特性を活用する分野に話を絞ります。

コマは、運搬や生産とは異なる回転の利用で、もっぱら、遊具用や儀式用でした。しかし、古来唯一、高速自転を活用した道具でした。ひもを巻きつけ投げ飛ばすと、高速回転が得られます。回転速度を表す単位として、rpm（回転／分）がよく用いられますが、これは1分間の回転数を表します。コマの回転速度は、およそ数10～数100 rpm です。

英語の辞書を引くと、rpm とは、revolutions per minute のことだと載っています（技術者用語のようです）。しかし、rotation という言葉を、物体が自分の重心を通る軸まわりの回転（自転）に用いることにし、revolution という言葉を、物体（の重心）が自分の外にある空間軸まわりの回転（公転）に用いると定義することにすれば 5)、回転数を表すのに、rpm を rotations per minute と解釈することもできそうです。もっとも、この rotation と revolution の違いを記した文献 5)は、1913年出版で、ちなみに、そこには回転数のことを turns per minute としてあります。

現存するコマは、古代エジプト（紀元前2000～1400年）で発掘されたものが最古とされていますので、昔からあったものです。日本には、中国から朝鮮半島経由で伝わってきたようです。日本でのコマ（独楽）については、10世紀の百科辞書（漢和辞典）、源 順 著『和名類聚抄、巻四、術芸部・雑芸具』6)に出てきます。そこには、[独楽：弁色立成に云う独楽のことで、和名では古末都玖利といい、孔がある]との記述があります。

原本の正式な漢字は、「獨樂」でドゥーラーといった発音らしいです。その後、「こまつくり」から「つくり」が省略され、「コマ」になったというのが今日の「コマ」の由来のようです。この「弁色立成に云う」という言葉は、盛んに「和名類聚抄」に現れますが、この書は現存せず、中国の書か日本の書か不明だということです。日本の書との説が正しければ、日本でのコマの記録はもっと古いということになりますが。

話を戻します。コマは宮廷の儀式・余興に始まり、のち、見世物や遊具として、庶民に大変親しまれてきました。19世紀に日本にやって来たヨーロッパ人

第1章　公転するジャイロスコープの逆転

は、日本人がコマ好きで、また、見世物演技の見事さに驚嘆したようで、英国人初代駐日公使 R. オールコック（Rutherford Alcock）や明治政府のお雇い外国人教師 J. ペリー（John Perry）が書き残しています（後述）。幕末には、アメリカへの興行もありました。しかし、生活や産業に活用するには至りませんでした。高速回転の長時間維持が困難だったからでしょうか。器具や装置へのコマの利用は、19世紀のヨーロッパに始まります。

　フーコーの実験から約50年後、特に20世紀に入ってからは、ジャイロスコープとして、自転軸の自由度はいろいろですが、自転の特性を活かした装置が開発され、今日に至っています。開発当時の装置・器具を拾い集めてみますと、粉砕機（ミル）、魚雷、船舶の安定装置（スタビライザー）、モノレールのスタビライザー、さらにはジャイロコンパスなどがあります。魚雷には命中率を高めるための方向維持装置として、船舶や飛行機には揺れ防止装置スタビライザー、および方向指示器ジャイロコンパスとして、船舶、飛行機、ミサイル、人工衛星などには自動姿勢制御の要として、利用されるところとなりました。

　欧米の幾つかの大学で数学や数学史、科学史の講師をつとめ、科学関連の著作もあるイスラエル出身の A. D. アクゼル（Amir D. Aczel）の作品『フーコーの振り子』7)には、フーコーがジャイロスコープの特許でも取っていたら大金持ちになれたであろうにと、当時失業中の身に同情するくだりがあります。ジャイロスコープを使ったフーコーの実験後、数十年後から今日に至るまで、回転特性を生かした発明品の特許合戦が繰り広げられる時代となりました。今日でははるかに進化し、軽量化し、かつ精密化していますが、これらは本書の守備範囲外のテーマなので割愛します。ただ一点、ジャイロコンパスは自由度2のジャイロスコープで、本書と若干関連しますので、コメントしておきます。

ジャイロコンパス

　ジャイロコンパス以前に利用され、大航海時代をもたらした磁気コンパスから、話を始めましょう。磁気コンパス（羅針盤）は、磁石の針が北を指す性質を利用して、船舶の方向指示器として、古くは4世紀の中国で発明されたといわれています。近くは13世紀末、イタリアで航海用として完成されたといわれ8)、これにより、大航海時代が幕を開けました。そして、ヨーロッパ勢が世界を席巻する世界史が始まり、グローバルな人類史が到来するところとなりま

した。

　しかし、19世紀、船舶の大型化にともない、竜骨をはじめ船体に鉄鋼が多量に使われだしたことから、磁気コンパスの方向の「ずれ」の元になり、新しいコンパスの必要性が出てきました。そこに登場したのが、ジャイロコンパスです。ジャイロコンパスは、自由度2（図3）で、地表では地球自転に反応してその軸（地軸）に自転軸の方向がそろう性質、つまり北を指す性質をもつことから、方向指示器として船舶に利用されるようになりました（付録 V6.7 節で定量的に触れます）。

　ドイツの技術者ヘルマン・アンシュッツ＝ケンプフェ（Hermann Anschütz-Kaempfe；2つ名字は学生時代に富裕な美術史家の養子になったことに由来する 2)）は、潜水艦で北極点を目指すことから、ジャイロコンパスを作り、特許申請をして、1904年に許可がおりたということです。しかし、ドイツ軍艦に採用されるには、問題点がありました。このアンシュッツ型は、毎分2万回転するジャイロをジャイロ球に入れ、さらに水銀を満たした容器内に吊るして浮かべた装置です。ジャイロ球は、振り子のように吊るした状態で、水銀に浮かべたものですが、船の速度変化（加速）による誤差を生じやすい欠点があったのです。

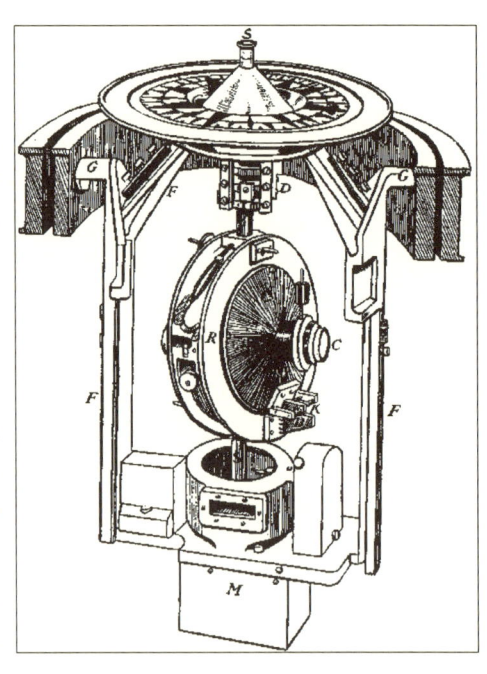

図3　ジャイロコンパス（自由度2；ブラウン型 11)）
　C 軸まわりにロータ R を自転させ、S 軸まわりの回転で方向を知る：自由度2のため地球の自転にすばやく反応する（付録 V6.7 節）

　アンシュッツは、いとこでやはり技術者の M. シューラー（Max Schuler）の

協力を得て、4年をかけて改良型を作り、ついに1908年、ドイツ海軍に採用されるに至ったということです。この改良のアイデアが、実に常人の知力を超えた驚くべきものでした（執念が生み出した解決策でしょうか）。

このシューラーの考え方がとても面白いので、紹介しておきます。定量的内容は、付録IIに載せてありますので、興味のある方は参照して下さい。地球半径の長さの振り子を想定したとき、振り子は84分の周期で往復することになります（図4）。この84分周期の振動を装置に加えると、船舶の加速によるコンパスの指針の攪乱が自動的に治まることを発見したのです。

図4　シューラー周期（大地のゆりかご）

地球半径と同じ長さの振り子を想定するときの周期84分をシューラー周期という

84分周期の振動をジャイロコンパスの装置に与えると、針のぐずりが治まるという

この周期は、地表を1周する人工衛星の周期でもあり、地球中心を通るトンネルに物を落としたときの往復運動の周期でもある（付録II）

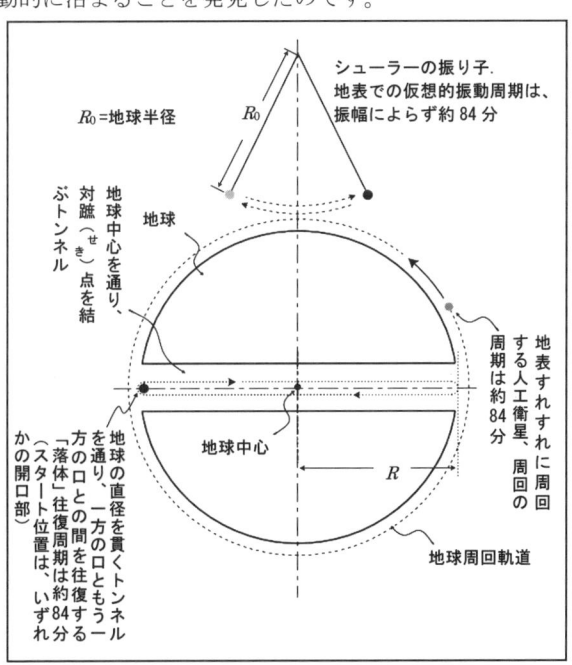

図中ラベル:
- シューラーの振り子. 地表での仮想的振動周期は、振幅によらず約84分
- R_0＝地球半径
- 地球
- 対蹠（せき）点を結ぶトンネル
- 地球中心を通り、一方の口との間を往復する「落体」往復周期は約84分（スタート位置は、いずれかの開口部）
- 地球の直径を貫くトンネル
- 地球中心
- 地表すれすれに周回する人工衛星、周回周期は約84分
- 地球周回軌道
- R

ジャイロコンパス進化の舞台で交錯する人物たち

この修正装置により、アンシュッツ型ジャイロコンパスは歴史の表舞台にデビューし、その後、アメリカでE. スペリー（Elmer Sperry）、イギリスでS. ブラウン（Sidney Brown）がそれぞれ発展させることになります。

このコンパスにまつわる発展史には、摩擦を減らす工夫で英国の大物理学者ケルビン卿（Lord Kekvin, William Thomson）が、また特許権をめぐる審査で若き日のスイス特許局職員A. アインシュタイン（Albert Einstein）が、さらに油を使った抵抗の少な

いコンパスの特許でJ. ペリーが登場し、その織り成す人間模様には、感慨深いものがあります。

　とりわけ、アインシュタインは、間もなくその才能が開花し、研究に専念できる人生を歩むことができ、人類の自然観の変革に大いに寄与することになります。世に、自然探究に思いを寄せる人は大勢いますが、食べ、かつ、研究に専念できる職にはなかなかありつけないのが実状です。才能なきは、ただひたすら

　　　恒産なくして、恒心なし

の道を、歩むしかありません。資産家なら道楽で研究を進められるでしょうが、それは19世紀頃までのことで、今や科学者も、いかに国家予算に食い込むかに腐心する時代に入ったようです。

　なお、このシューラーが算出した振り子の周期84分は、地表すれすれに人工衛星を飛ばしたときの周期でもあります。また、仮に地球中心を貫く筒状の穴を開け、パチンコ玉を落とすことができたとしたとき、地球の反対側まで行って戻ってくる往復運動の周期でもあります9)。この84分は、シューラー周期と呼ばれ、その後のジャイロコンパス技術に決定的影響を与える原理となりました。地上の生きとし生ける存在にとって、84分という時間は、まるで、ゆりかごのゆれと同じとみえます。この大地のゆりかごに入れば、"ぐずり"が治まるということです。面白いですね。

　話のついでに、現代版のジャイロスコープについて、若干コメントしておきます。軽量、小型、高性能を目指した開発がなされてきました。そして、電気モーターで高速回転を得て24000 rpm（回転/分）を実現する電気ジャイロが航空機に利用されるようになりました。ただ、高速回転体を利用すると、軸受け摩擦とか、ドリフト（ずれ）の問題が残ります。そこで、機械的問題のない光学式のレーザージャイロが開発されることとなりました（図5、10））。アメリカ海軍が極秘に進め、1966年にテストされたとされています。

　航空機搭載のレーザージャイロの基本的考え方は、乗り物の3次元の揺れを検知し、その揺れを最小化させる装置に連動させるというものです。

　この揺れをどう検知するかです。まず、1つの軸まわりの揺れ（回転）について述べます。鏡の反射を利用して実現した、時計回りおよび反時計回りの2回路の双方向にレーザー光を同時発振させます。この軸まわりの揺れがなければ、検出器に同時に到達し差は0です。ところが、揺れがあるとレーザー光の

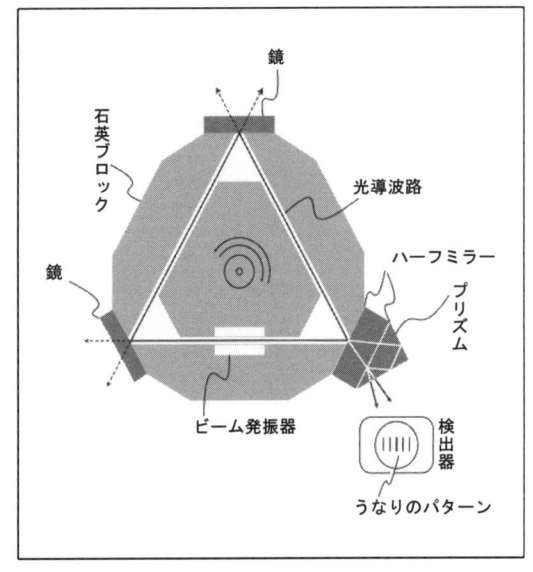

検出器までの到達距離に差が生じ、その光学的性質（位相差・周波数差）を検知します。1つの石英の球体ブロックに、互いに直交する3つの軸の回路を作り込めば3次元の揺れを検知できるわけです、リングレーザージャイロといわれるものです。

この原理は、1913年にフランスのG.サニャック（Georges Sagnac）により発見されたことから、サニャック効果とよばれて

図5　リングレーザージャイロ

います。1920年代から研究開発が始まり、実現化には更に半世紀を要したことになります。現在、小型、軽量、高性能へ向けた技術開発は、盛んなようです。

わき道はこれ位にして、今までに知られていない新しい問題に取り組むことにします。

1.3　100年来の常識を打ち破る実験
　　——自転軸は公転軸を目指す——

さて、本題に戻ります。ジャイロスコープを公転（円運動）させると、自転軸はどのような動きをするでしょうか。仙台市の八木山にある遊園地「八木山ベニーランド」にバルーンレースという単純円運動をする乗り物があって、一分間に8.5回回ります（写真1）。

ジャイロスコープを持ってバルーンレースに乗ってみましょう。ジャイロスコープをバルーンレースの円運動とは逆向きに自転させて乗っていると、ジャイロスコープの自転軸は数分間で上下が逆転して、バルーンレースの円運動と同じ向きになります。メリーゴーラウンド（回転木馬）でも同じです。コーヒ

写真 1 バルーンレース

仙台八木山ベニーランド（遊園地）にある円運動する乗り物で、4 人乗りが 12 台鉄腕で吊り下げられ、1 分間に 8.5 回転する。自由度 3 のジャイロスコープを、乗り物とは逆向きに自転させると、やがて自転軸はひっくり返って乗り物と同じ向きにそろう

ーカップはダメです、途中でコーヒーカップが逆回りに切りかわり結果として、倒れかけていたジャイロスコープの姿勢が元に戻るため、私たちの実験には不向きなのです。

　バルーンレースは、上空から見て時計回りに、水平な円軌道を描きます。塔は、円軌道の中心軸をなしています。これを公転軸とよぶことにします。つまり、中心軸は円軌道の中心を通り、その円に垂直な軸を公転軸とよぶという意味です。すると、ジャイロスコープの自転軸は、公転軸と同じ向きにそろい、公転軸の方向と平行になる運動をするということです（詳細は 6.2 節を参照）。

　水平な円運動の向きについては、時計回りと反時計回りの 2 通り考えられますが、ここではどちらでもよいのです。いずれにせよ、ジャイロスコープの自転軸は、最終的に乗り物の円運動の向きと同じ方向になるのです。自転軸はどの向きからスタートさせようとも、最終的に公転円運動の向きに一致して落ち着くということです。

　のちのちのため、ここで言葉を整理しておきます。自転軸の向きが、公転円

第1章　公転するジャイロスコープの逆転

運動の向きと同じ側にあるときを「順行」、逆側にあるときを「逆行」という言い方をします。太陽系でいえば、公転軸から測った自転軸の傾斜角度（軌道面と赤道面のなす赤道傾斜角に等しい）は、現在のところ、水星 $0°$・地球 $23.5°$・火星 $25.2°$・木星 $3.1°$・土星 $26.7°$・海王星 $27.8°$ が順行に属し、金星 $177.4°$・天王星 $97.9°$ が逆行に属するということになります。

バルーンレースでの実験は、逆行でスタートした自転軸は、横倒しを経由して、最終的には、順行に落ち着くということです。つまり、$180°$（逆立ち）からスタートして、$90°$（横倒し）を経由して、最後は $0°$（正立）に落ち着いたということです。自転軸は、外の空間に対して、公転軸と同じ向きにそろうように、垂直方向に動くのです。

このとき、注意深く観察すれば、ジャイロスコープの自転軸は水平面内を回転することはせず、外の空間に対し同一方向を指したままであることに気付くことでしょう。つまり、横方向には動かず、縦方向にだけひっくり返り運動をするということです。自転軸は、外の空間に対し、不動の一つの鉛直面内を逆立→横向→正立の動きをするということです。

この実験は、ジャイロスコープさえあれば誰にでもでき、また、レコードプレヤーや高校の物理実験用回転台の中心に置いても、また、手に持って自分の体を軸に回しても確認できます。高校には、物理実験器具として、ジャイロスコープ1台と回転台が1台ずつ備えられているはずなので、高校生なら誰でも実験して確認できます。

ここで、八木山ベニーランドでの実験の意義を考えてみましょう。J. ペリーの1890年の著書11)とかH. クラブトリー（Harold Crabtree）の1909年の著書12)には、ジャイロスコープの台座を持って円運動させても、ジャイロスコープの自転軸は空間に対して一定の方向を向いたままであると書いてあり、これが今日まで続くジャイロスコープの振る舞いに関する常識となっています。ペリーは、「ジャイロを手に持ちバレーダンサーのように爪先立ちで回転運動しても自転軸の指す方向は変わらない」と記述しています。現実には、同じ行為をするとき、自転軸は回転運動と同じ方向にそろうように変わります。誰でも、実験して確かめることができます（6.2節参照）。

ただし、図1で S_5S_6 軸まわりの回転の自由度を奪うと、直ちに自転軸は回転運動の方向にそろうという記述はあります。自由度2のジャイロコンパスの原

理となるものです。1.2 節で紹介した通りで、付録 V6.7 節ではそろっていく速さを概算します。

したがって、八木山ベニーランドでのバルーンレース上のジャイロスコープの実験は、100 年来の常識を覆(くつがえ)す実験になります。自由度 3 のジャイロスコープを公転円運動させたとき、100 年前の認識は、空間の同一方向を指し続けるということでした。今回の実験では、水平方向には確かに同一方向を指し続けますが、鉛直方向には自転軸が公転軸方向にそろうように動くということです。この鉛直運動こそが、本書のテーマであり、核心をなすものにほかなりません。

ペリーとクラブトリーの実験を検討してみましょう。ペリーとクラブトリーは、フーコーのジャイロスコープ実験についても言及しています。フーコーの実験は、ジャイロスコープを机や床の上に置いたまま、したがって、地表に相対的に静止させた状態で、自転軸の動きを見ようとしたものです。このような条件下で最も困難なことは、自転を長時間維持させることです。それを回避するためフーコーは、短時間でのわずかな動きを、顕微鏡で観察しようとしたようです。この場合、自転軸は宇宙空間に対し同一方向を指し続ける一方、地表（実験室）は日周運動で回転するので、実験者にはジャイロ軸が動くのが見えて、地球自体の自転を知ることができるという論法でした。

ところが、バルーンレース上での実験のように、ジャイロスコープを、地表に静止させるのではなく、回転台に載せて地球より速く円運動させると、自転軸は、外の空間に対し、水平面に対しては確かに同一方向を指し続けますが、鉛直方向には動き出して、公転軸の方向にそろうのです。これは、明らかに乗り物の円運動が影響しているからです。ペリーやクラブトリーらには思いもよらない結果といってよさそうです。著者が、「新発見」というのはこの意味で、です。

ただ、後で詳しく述べますが、どんな場合でもジャイロスコープの自転軸の逆転が起こるわけではありません。乗り物の公転角速度と、ジャイロスコープの自転角速度の比がある程度の範囲内でないと逆転現象はみられません。というより、逆転時間が長大すぎて実験にならないというべきでしょう。自転角速度が公転角速度の 2～300 倍であれば逆転は見られますが、普通のコマ（1 秒間に 5 回転；300rpm）の角速度では、地球自転の 432000 倍にもなるので、コマ

の運動に地球自転は影響しません。地表に置いたままでも、日周運動という回転運動をさせることはできます。しかし、地球回転は、回転台の角速度に比べると極端に遅いため($1/(24\times60)$ rpm $= 0.0006944$ rpm)、自転軸の運動には全く影響しません。したがって、慣性の法則により同一運動状態にあり続ける、即ち、宇宙空間に対して、自転軸は同一方向を指し続けるということです。

あえて、計算してみますと(付録 V 参照)、ジャイロスコープの自転軸が地球自転の影響を受けて、地球自転軸にそろうのにかかる時間は、理論上 1800 年になります。これでは、実質上垂直方向には動かないとみなせる時間です。地球自転がジャイロスコープに及ぼす影響は全く無く、ジャイロ自転軸の運動論に地表の回転を考慮する必要は全く無いということです。したがって、フーコーのいう通り、ジャイロスコープを地表(机)に置くとき、宇宙空間系から見ると、ジャイロ自転軸の向きは不変となります。そうであるからこそ、「相対的に地表(机)の方が動いて見えるはずだ」という見方が許されるのです。

以上が、フーコーが地球自転を証明するための 2 つ目の実験でした。

フーコーによる振り子実験

フーコーが行った 1 つ目は、有名な振り子の実験です。振り子を天井からぶら下げて振動させるのですが、一番工夫した点は、天井の支点部分の装置で、どんな方向にも自由に動けて、吊り下げるワイヤーがねじれないようにした点だそうです。振り子の振動面は、宇宙空間に対して常に同一方向であるのに対して、地表が日周運動していくさまが見られます。「地球が自転するのを見に来られたし」と招待状を、知りうる限りのパリ在住の科学者に送り、1851 年パリ天文台で(後には、パンテオン教会においても)この演示実験を衆人環視の中で実施したということです7)。

ジャイロスコープの自由度を 3 から 1 だけ落として 2 にすれば、事情は変わります。例えば、外のジンバルを S_5S_6 軸まわりに回転できないようにするか、ジャイロスコープの機種によっては、ねじで締め付けたり、台座にしばり付けたりして、自由度を 2 に減らすと、そのジャイロスコープを公転させるとき直ちに自転軸は公転軸にそろいます。ジャイロコンパスの原理となるものです。このときは、日周運動にもすばやく反応して、地球の自転軸の方向(北極)にそろいます。本書は、自由度 3 のジャイロスコープの自転軸の運動に話を限る

もので、自由度 2（ジャイロコンパス）の議論は対象外とすることは前にも述べた通りです。ただ、参考までに付録 V で、ジャイロコンパスの地球自転による反応速度について、軽く触れます。

ここで余談になりますが、ペリーの誤りを指摘せざるを得ないことは、実は辛いのです。なぜなら、英国人ジョン・ペリー（1850-1920；黒船の米国人ペリーとは別人）は、お雇い外国人教師として日本にはなじみ深い人物だからです。このあたりの事情は、科学史家の板倉聖宣が「ペリーの生涯」13)で詳しく述べています。それによれば、明治政府の要請で、「英国人教師斡旋の総元締め」だったケルビン卿の紹介らしく、明治 8 年から明治 12 年まで（1875－1879）、工部大学校（東京大学工学部の前身）の教師を務めていた人物です。明治維新で、西洋文明に追いつき追い越せとばかり、大勢雇い入れた外国人教師の一人なのです。

ペリーの帰国後の著書11)には、浅草で見たコマ（Koma）を操る曲芸師の技に驚く様子が生き生きと描かれ、部分的に日本語でも読めます 14)。曲芸師の見事な演技披露と、その後のおひねり頂戴の平身低頭振りとの落差に、唖然とする様子も伺えます。ペリーについては、「回っているコマ」11)の著者として知られるほか、数学の応用実践面を重視した数学教育改革運動の推進者としても評価が高く、数学教育史上、20〜21 世紀を通じて日本でも盛んに研究されてきており、その様子はインターネット上でも垣間見ることができます。

日本人のコマ好きな国民性については、江戸末期に日本にやってきた英国人初代駐日公使オールコックの「大君の都」15)にも、紹介があります。「国民が楽しんでいる娯楽を見た方が、仕事や政策を見るより国民性がよくわかるという……さしずめ、イギリス人なら競馬の騎手と拳闘家ばかりで、日本人ならコマ回しばかりだということになろう」といったくだりが見られます。見事な演技の連続を、イギリス人は驚愕の目で記述しています。

2 人が見た技を紹介します。大きなコマが見物人めがけて飛んでゆくと見るや、投げた男の手のひらに戻り、しかも手に穴が開かない。この技は「燕返し」といい、ひもが解ける直前の、残り 1 巻か 2 巻の絶妙のタイミングで手元に引き戻されます。その他、扇や刀の上を伝わらせる、体中を這い回らせる、空中

第1章　公転するジャイロスコープの逆転

高く投げ上げキセルで受け止める、綱渡りをさせる、階段の手すりを上がらせる、戸口から家に入り窓から出させる、コルクの栓抜き状の螺旋(らせん)を登らせる、などあります。しかも、コマは途中で止まることなく、ほんの一ひねりで生き返り、演技が続けられる様子が驚きの目で描かれています。

　それから100年後、戦後間もない頃、私も子供時代をコマ回しに興じたことが思い出されます。地域によってコマの種類が異なり、東京ではべいごまと称するものがはやったようで、バケツや桶にゴザをかぶせ、その中での遊びだったようです。遊び場が狭かったせいでしょうか？

　私の育った山口県では、木のコマに鉄枠をはめたけんかコマでした。ひもを巻きつけ、固い地面に向かって投げ下ろして回したものでした。友達が4、5人集まると、道端でゲームが始まります。車など通らない時代の固い地面です。

　最初は一斉にコマを回し、ひもでぶつけ合ってけんかをさせ、早く倒れた順に「1助(すけ)、2助、3助、……」とよび、最後まで回っていたのが「天下」になります。次回からは、「天下」の号令がかかり、口上「天下許して1助参れ、2助、3助、……」で順に回させ、最後に「天下」が回します。あとの方が、時間差の分有利になります。そして、最後に残ったコマが次の「天下」になります。あとからの「混ぜて」は、「1助」からでした。このようなコマを使った天下取りゲームに夢中になったものです。確かに当時の子供は、コマで盛んに遊んだものです。この遊び方を何と呼んだか、また、名前があったかどうかさえ覚えていません。

　今懐かしく文献に当たってみると、中田幸平『日本の児童遊戯』16)に、いろいろなコマが紹介されています。しかし、私が遊んだ鉄枠をはめたコマは珍しかったようです。また、この文献に紹介されていた8種類ほどのコマゲームには、私たちが親しんだ遊び方についての記載は見当たらず、いささかの寂しさを覚えたものでした。子供の頭には、1つの遊び方しか存在せず、それがいかに局所的であったかを思い知らされました。それにつけても、日常生活とはおよそかけ離れた「天下許して1助参れ、2助、3助、……」といった文言は子供心にも奇妙に感じたものです。どこからどう伝わってきたのか、そのいわれに、今頃になって興味が湧いてきた次第です。

第 2 章　地軸は逆転したか？

2.1　寺石学説

　1.3 節で紹介した、ジャイロスコープを公転させる実験を思い立ったそもそものきっかけは、1989 年「科学朝日」1・2 月号で伊藤洋の地軸逆転論（寺石学説）17)を読んだことにありました。この記事の中身に魅了されたのです。
　寺石良弘（1903-1955）が唱えた説（付録 I、18)）は、ざっと次のように要約されます。

1. 惑星は逆行で生まれる：微惑星の運行は太陽に近いほど速いから衝突合体して惑星となるとき逆立ちで生まれる。19 世紀まではこう考えられ、現実の順行とのギャップに悩まされ、いろいろな順行誕生説が考案されたいきさつがある（9.1 節参照）。
2. 地軸は、180°（逆行）からスタートし、90°（横倒し）、23.5°（現在）を経て、やがて 0°（順行）に至る。横倒しのとき、氷河が発達しやすい気候になる。
3. 地軸傾斜角が各地質時代の気候を決定する：地軸の傾きが大きく変われば、同じ緯度であっても、太陽光の入射量が変わってくる。
4. 気候が生物進化を決定する。

　この壮大なシナリオに私は大変な衝撃を受け、「これこそが、わが人生をかけて取り組むべき問題」とぞっこんほれ込んでしまったわけです。

人生の厄介息子、寺石学説と出会う

　「科学朝日」の記事を読んだ当時、私は人生の袋小路にいました。さかのぼって、高校生のときにも、「人生いかに生くべきか」の問題に深く悩んだときがありました。高1半ばから高3半ばまで、この人生をどのように生きていけばよいのかという問題に出くわして、その落とし穴にはまり、毎日毎日、真剣に悩み続けた時期がありました。どう考えても解決策が見つからないのです。

　「一流大学を出て一流会社に入って、毎日カバンと弁当をぶら下げ、家と会社を往復する、そんな日常を繰り返す人生は、とても耐え難く死ぬしかないのか」と悩みました。研究者の道も考えましたが、「世界中の人が寄ってたかって研究し、その問題が解決したらそこでおしまいではないか、その後は生きる道がなくなり、これも絶望の道しかないのか」と、真剣に悩みました。相談して解決できるような問題ではないと、苦悶する毎日を送っていました。

　明治時代、旧制第一高等学校の学生の藤村 操（みさお）が、

悠々（ゆうゆう）たる哉天壤（かなてんじょう）
遼々（りょうりょう）たる哉古今（かなここん）
五尺（ごしゃく）の小躯（しょうく）を以（も）って　此（この）大をはからむとす、……
萬有（ばんゆう）の眞相は、唯（た）だ一言にして悉（つく）す、曰（いわ）く「不可解」　……

と書き残し、華厳の滝に身を投げました（明治36年）。近代国家への勃興期にあった当時の日本は、「身を立て　名を上げ　やよ　励めよ」（明治17年）の世界でしたが、その価値観に一石を投じる社会問題になったことでも後世の語り草になりました。その死に、直接の英語の師であった漱石は、大きな衝撃を受け、「草枕」にその心境を織り込んでいます。この事件のあと、操（みさお）のあとを追う者が続出し、当時の社会に大きな影響を及ぼしました。私も、この「みさお病」にかかってしまったのです。しかし、生への執着心が強く、2年間悩み抜いた末やっと生き延びる道を見つけました。

　無限を相手に研究すればよい。これが悩みぬいた末にたどりついた答でした。相手が無限ならば、研究が解決する終わりが永遠に訪れない。世界中の人が寄ってたかっても、また、人類が何百年、何千年取り組んでも、終わりがないのが無限である。だから、無限を相手に研究する「過程」の中に身を投じれば、生きていける。高校生なりの答でした。「みさお病」を脱出し、九死に一生を得た思いの人生には、もはや、自

分の納得する生き方しかできません。
　そこで、宇宙という無限相手の天文学科に入り、宇宙論を専攻することにしました。みさお流にならっていえば、

　　　悠々たるかな天壌
　　　遼々たるかな古今
　　　五尺の小躯に　この大は届く能はず
　　　ただ、「過程」の連鎖をもって　はかるのみ
　　　万有の真相は、ただ一言にしてつくす、いわく「百代の過客」
　　　尽くせぬ大を仰ぎつつ　一つの「過程」を歩むで行かむ

の心境でした。
　それまで、学んでいたことから、人類が極大・極小の世界を探究するに当たっては、常に2通りの自然観がありうると、私は思っていました。自然の階層性について、究極に達したとの前提に立つか、その先にまだ階層があるという前提に立つかの2通りです。当時の宇宙論には、自然観として、1通りしかありませんでした（今も同じですが）。つまり、人類は、これ以上ない最上級を学問するところに達したとの前提に立った宇宙論です。
　そこで私は、まだ先に階層性があるとの前提に立ち、観測データが説明できないだろうか、という立場に立つ研究をしました。次の高次の階層が存在するというモデルを想定するとき、我々の銀河系がこのモデルの中心から離れていれば、我々の近傍では等方的に見えても、遠方になるにつれ異方性が顕著に現れてくるモデルが考えられます。その可能性を探そうとしました。クエーサー（準星）の距離―速度関係（ハッブルの法則）に異方性がないか調べようとしましたが、クエーサーの距離の決め手がなく（今も事情は変わらないようです）うまくいきませんでした。
　この種の研究には、宇宙の加速膨張発見の根拠となった超新星のように、距離決定が極めて重要になります。さらに、背景放射の観測から、「宇宙は一様等方である」という宇宙原理が一層強化される趨勢(すうせい)に押しつぶされ、異方性を唱える状況下にはなく、長いトンネルの中を這いずり回っていました。そのとき、地軸逆転論に出会いすっかり夢中になってしまい、今はその続きを生きているというわけです。最近2012年のことですが、この背景放射に異方性があるかも知れないとのニュース 19)　——「悪魔

32

の軸」といわれるそうですが —— を目にして、ネーミングはともかく、成り行きに注目しているところです。

閑話休題（無駄口終わり）

　「地軸を逆転させる力学的根拠は何か」が最大の問題点であることには、すぐ気が付きました。天文学では、太陽と月の重力により、地軸は公転軸から23.5°の傾斜を保ちつつ、約26000年の周期で公転とは逆向きに360°回転し（歳差）、かつ、18.6年周期でわずか9.21"（秒角、0.00256°に相当：1° = 60'[分角]；1' = 60"[秒角]）の振幅で波打っている（章動）ことは知られています（9.2節参照）。しかし、地軸傾斜角を大きく動かすようなトルクはないというのが、ヒッパルコスが歳差を発見して今日に至るまで2100年来の常識となっています。

　これが前述のスノーボールアース説が支持され、地軸大傾斜説が疑問視されてきた根拠です。

　地軸逆転論（寺石学説）も地軸大傾斜説（ウイリアムズ仮説）も地軸の大きな傾きを主張するので、必然的に現代天文学の常識とは対立し、その根拠となるトルクを立証しなければならず、容易ではありません。常識という巨大な壁が立ちはだかり、それを乗り越えなければならない宿命を帯びたものになります。確たる論拠と検証が必要となります。

　私は、地軸逆転論を知って以来、天体力学を勉強し直し、約3年、数式計算に取り組んで、地軸運動論に残された未知の解探しに明け暮れました。しかし、ニュートンやラプラスに始まり、手だれの数学者の目を通ってきた天体力学の分野で、そんなものが残されているわけがありません。私の昔からの悪いくせで、数式との格闘に熱中するばかりで、定性的に考えることを怠った"つけ"です。当時、公立の夜間定時制高校に勤めていた関係で、午前中近くの熊出没注意の林道を毎日ジョギングしながら考え続けました。自分の能力のなさをなじりながらも、あきらめようとしても、いつの間にかこの問題を考えている自分を発見する日々の連続でした。

　結局、取り組んで7年経った1996年のある日、ジャイロスコープを円運動させる実験を思いついたのです。これが1.3節の内容でした。遊園地（八木山ベニーランド）で円運動する乗り物を探してバルーンレースを見つけ、ジャイロスコープが本当に逆転するものかどうか、内心ドキドキの実験でしたが、乗り

物がグルグルまわるうち徐々に自転軸（図 1 の S_1S_2）が逆転運動を始め、ついには公転軸にそろって落ち着くのを見たときは、力が抜ける思いでした。

　その後、ジャイロスコープをレコードプレヤーや物理実験用回転台の中心に置いても、手に持って自分の体を軸にまわしても、自転軸の向きは公転軸の向きにそろうことがわかりました。また、さらには、ジャイロスコープを円運動させるとき、自転軸の向きは外の空間に対して、同一方向を指し続けるという J. ペリーによる誤った記述 11)を見つけ、この実験が 100 年来の回転力学上の"伝説"を正す実験であることに気付きました。

　それからというもの、一層精力的に、ジャイロ自転軸の逆転現象の力学に取り組みました。なんとか理論らしきものに仕上げたのが、寺石仮説の検証に取りかかって 10 年後のことでした。その後は、論文原稿の投稿、不受理の繰り返しがあり、やっとポーランドの論文誌から、論文 3 編の掲載許可が得られたのは 2009 年で、始めてから 20 年が経過していました 20)。

　本書は、この論文内容を解説するものです。決して荒唐無稽ではない地軸逆転論に、関心を持っていただきたいというのが私の切なる願いです。第 3 論文は地軸逆転が起こり得ることを論じていますが、私はさらに、それを証明する方法を述べた第 2 論文の人工衛星を使っての実験検証をする意欲的な若者が出現することを大いに期待するものです。

　私は、地軸逆転論を開拓された寺石良弘さんには、面識はありません。ただ、かってに後を継がせてもらっているだけです。私が 1955 年に夭折した彼の説を知ったのは、1989 年、伊藤洋氏による「科学朝日」の紹介記事でした。寺石（1954 年）－伊藤（1989 年）－原（2009 年）と繋いできたタスキを次の世代に渡したいと思います。21 世紀の今、人工衛星を使えば検証可能な時代になってきました。いつの日か、人類の知的好奇心が、この説の検証のために、人工衛星を使って実験することを期待して止みません。

2.2　登頂した山岳風景：第 I 峰、第 II 峰、第 III 峰
　　　——公転する自転軸の時間 - 傾斜角関係——

　20 年かけて発表にこぎつけた論文を、最初から一歩一歩山道を登るように説明していては、長大すぎて途中で疲れ果てそうです。そこでまず、登頂した 3

つの山頂の景観（到達した結論）を先にご覧いただいた方が、登る足に力が入りやすいかと思われます。

ジャイロスコープ、人工衛星、地球が公転するとき、それら3つの自転軸が公転軸に対し、仮に逆立ち（逆行）状態からスタートしたとして、それらがどのように横倒しを経過して正立（順行）に達するかを示しておきます。

到達目標である3つの「自転軸の時間－傾斜角関係」を初めにグラフ（図6、図7、図8）で表しておきます。傾斜角とは、公転軸に対して自転軸がなす角をいいます。この3つの共通点は、縦軸を表す傾斜角θが、逆行（180°）発、横倒し（90°）経由、順行（0°）着へ動くことです。横軸は時間という次元を表す点は共通ですが、それらのタイムスケールは全く異なります。その逆転を表す時間目盛は、ジャイロスコープが「秒から分」、人工衛星が「日」、地球が「億年」です。ジャイロスコープについては実験データとの比較から、この関係は証明されたといえますが、人工衛星については実験検証が必要なまま残されています。この人工衛星による実験検証があって初めて、地球の自転軸の60億年にわたる傾斜角変化が実質的に意味を持ってきます。それでは、3つの頂きの姿をご覧下さい。

（1）第Ⅰ峰：公転するジャイロスコープの時間 - 傾斜角関係（第6章の結果）

図6がジャイロスコープを、回転台上に載せたときの、実験データと理論曲線の比較になっています。縦軸は生の角度はθではなく、理論との比較のため$\cos\theta$にとってあり、180°、90°、0°に対する縦軸の目盛の値は、それぞれ、－1、0、1になります。また、120°、60°に対しては－0.5、0.5となり、これらの5点については、左の目盛の値$\cos\theta$に対する右の生の角度θが示されています。左の$\cos\theta$は等間隔目盛ですが、右のθは等間隔目盛になっていないので注意が必要ですが、上述の5点からほぼ見当がつきます。精確には、左の$\cos\theta$の値に対するθが右の角度の値に対応することになります。

また、そこには、始めと終わりに実験データと理論曲線に少しずれが見られますが、それは、ジャイロスコープの重量を支えるジンバルの支点の構造から不可避的に生じるもので、詳しくは第6章で言及します。

図6　第6章の結果

ジャイロスコープ逆転の時間 t (sec) －傾斜角 θ ($u = \cos\theta$) 関係 (t, u)：実験条件は公転角速度は $\Omega = 3.7$ (rpm) で、自転角速度は $\omega = 750$ (rpm) から 500 (rpm) へスローダウンする（平均で $\omega \approx 630$ (rpm)）；○は実験値、実線は理論曲線を表す；垂直置（V; S_5S_6 が垂直）での実験データを示し、始めと終わりのずれは支点の構造（ベアリング）によると思われる；水平置（H; S_5S_6 が水平）では、大揺れして、データは取れないが逆転時間は測れ、垂直置の2倍近く時間がかかる

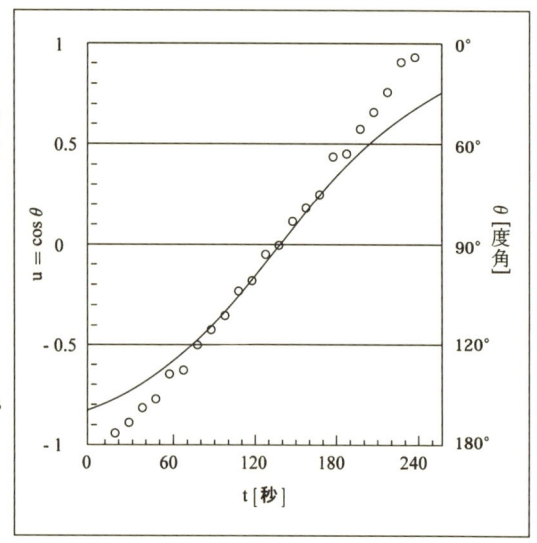

　100年前にはペリーが、ジャイロスコープを円運動させても、自転軸の方向は変化しないと考え、それが今日まで信じられてきたことは、これまで述べてきた通りです。したがって、傾斜角の時間変化を示すこのグラフこそ、100年来の常識を覆すものにほかなりません。その原因については追い追い述べていきますが、簡単には次のように要約できます。

　1公転するごとに1自転の強制的方向変化（水平360°の円運動；6.1節参照）を受けるため、自転体の本性 ── 強制方向変化に直交抵抗する ── が現れ、直交する方向に動き出すというものです（6.5節）。著者が実際に登った峰に相当します。

（2）第II峰：人工衛星の自転軸の時間 - 傾斜角関係（第7章の結果）

　図7は、地上270kmを周期90分で1周する人工衛星に、その10倍の速さの自転（9分で1回転）を与えたとき、予想される時間 - 傾斜角の関係を示すグラフです。これは、1分で40°しか回らない超低速な自転を意味し、その技術開発が最大の問題点となります。自然界には、地球のように24時間（1440分）で1回転する、つまり、1分で0.25°しか回転しない超低速な自転体は存在しますが、図体が大き過ぎます。付録 IV で述べる慣性モーメントが大きい人工衛

第 2 章　地軸は逆転したか？

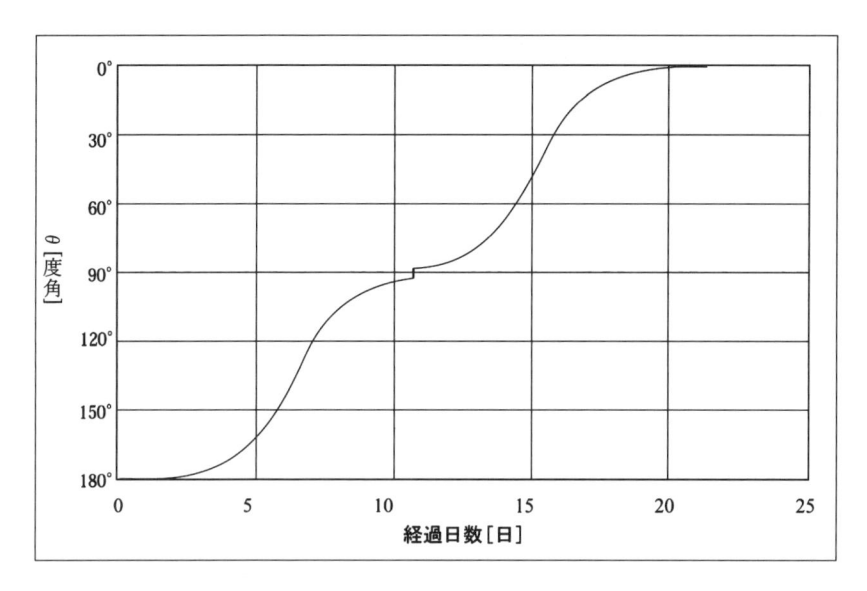

図 7　第 7 章の結果
　地上 270km を周期 90 分で公転する人工衛星に周期 9 分の逆自転をかけたときに予想される日数‐傾斜角変化の理論曲線

星が要求されます。これが、実現可能なぎりぎりの実験条件になることは、第 7 章で詳述します。このグラフはあくまでも仮説です。思考登山の峰です。

　長い間、この実験の実現性に思い悩んできましたが、この原稿を書いている最中に知人からの貴重な一言のヒントから氷解し、人工衛星の内部において実現の可能性が見えてきました。7.4 節で述べます。

　原因を先取りすれば、簡単には次のようにいえます。地球の重力によって、公転すると同時に、自転軸は歳差とよばれる水平 360°の強制的方向変化を受けるため、自転体の本性 ── 強制方向変化に直交抵抗する ── が現れ、垂直方向に動き出すというものです（7.2 節）。回転系において見かけ上現れる遠心力・コリオリ力項を利用して、外力を導く既存の手法を採用しており、重力の主要項・副次項との相殺・残存関係もからむ問題で、実験的証明が必要不可欠となります。本書はこの実験実施を提言するものです。

（3）第Ⅲ峰（寺石山）：地軸の時間 - 傾斜角関係（60億年の変化を示す第9章の結果）

図8は、（2）の数式を、地球に適用した結果です。地軸の向きは太陽と月の重力により、26000年周期で天空を1周する、歳差という強制的方向変化を受けるため、（1）で見た自転体の本性が現れて、垂直方向に動き出すというものです。これで生じる動きは1年に0.0003588"（秒角）という小ささで、とても観測できる量ではありません。100万年経てば、累積効果で0.1365°変化し観測可能となりますが、100万年は待てません。

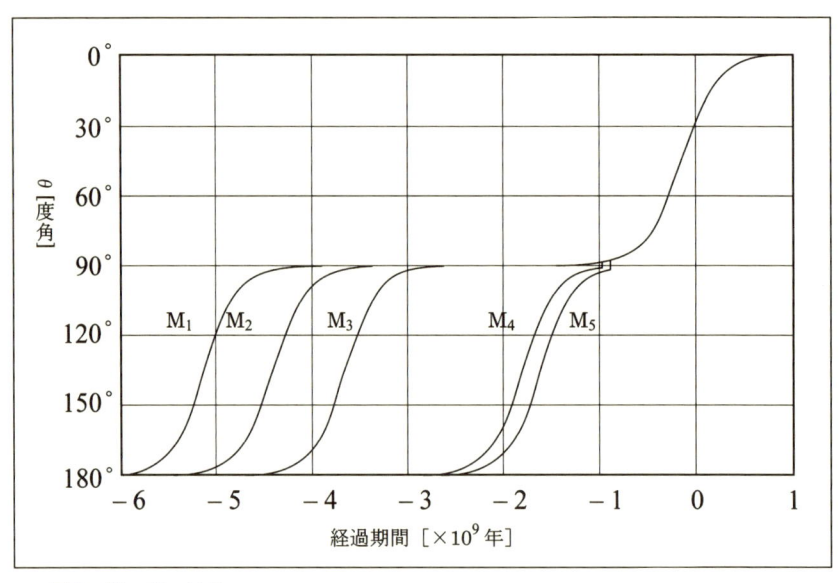

図8　第9章の結果
地球規模コマで予想される逆転の時間変化 (t,θ) ：
横軸（10億年単位）- 縦軸傾斜角（°）；
モデル M_1〜M_5 は、横倒し $\theta=90°$ における縦揺れ振幅 $\Delta\theta_{90}$ を表す；
M_1：$\Delta\theta_{90}=1.609"=0.000447°$、$M_2$：$\Delta\theta_{90}=9.21"=0.00256°$、
M_3：$\Delta\theta_{90}=55.0"/y\times 1y=55.0"=0.0153°$、$M_4$：$\Delta\theta_{90}=1.3°$、$M_5$：$\Delta\theta_{90}=2.0°$

しかし、（2）が実験的に証明されれば、必然的に過去46億年にわたる地軸の動きと将来10億年の動きを表すことになります。といっても、地球に関する現在のデータをそのまま過去にも使っていますので、当然修正する必要はあり

ますが。それより、(2)が検証できるかが、最優先課題となります。何しろ、2100年来の常識を覆す実験を意味するからです（第7章）。なお、図中にM_1、M_2、M_3、M_4、M_5とあるのは、地軸の章動振幅の幅の違いです。横倒し時における地軸の縦揺れ幅に相当し、$1.609''\sim2.0°$（$M_1\sim M_5$）の間の値による違いを示しています。例えば、観測によれば、18.6年周期で$9.21''$の章動という小きざみの波を打っているのですが、M_2はその観測値を採用したモデルに相当します（第9章）。

　詳細な議論は、後の章で展開するつもりですが、(1)～(3)は、結果を要約的に先取りしたものです。(1)～(3)で示した3つのグラフが本書の結論です。(1)は実験的な裏付けがありますが、(2)は今後の実験検証を要する課題です。(2)が実証されれば、(3)第III峰の存在が現実味を帯びてきます。

第3章　歳差事始
――強制方向変化へは直交抵抗する――

　さて、回転体は、自転軸の方向が急激に変化させられると、予期しない動きをします。その性質を知らないと思わぬ危険に遭います。例えば、昔ある工場で、回転研磨機を高速回転させているとき、回転軸にぐらつきがあって回転する研磨用砥石がはじき飛んでいき、大事故に発展したことがあります。これは、単純な遠心力のせいなどではなく、ジャイロスコープ効果によるものでした 5)。

　また、こんな例も語り継がれています。プロペラ機ができたころ、急旋回しようとして、機体が転覆したというのです。内部のパイロットには、我が身に何が起こったのか、機体がどうなったのか、人間の直感・本能では全く予測も付かない動きでした。それを、当初は、何か怪しげな空気穴（hole in the air；現代認識の晴天乱気流・エアポケットとは異なるもの）のせいにしたり、他の理論で説明しようとしたとみえます。これも回転するプロペラに急激な方向転換の力が加わったため、それに直交するジャイロスコープ効果が発生したことが原因の事故でした 5)。

　しかし、事情がわかってくると、意外でとても面白い実験や応用が考案されるようになりました。そうした事例を2，3紹介し、そこにはジャイロ（スコープ）効果という共通する働きがあることを示すことにします。ジャイロ効果とは、自転している物体に自転軸の方向を変える力が作用すると、その力の方向と直交する方向に動き出し、結果として「歳差」とよばれる現象を起こすことを言います。これが、本書全編を貫く原理となります。

　以下、この歳差に相当する物理現象の例を3つほど挙げて、さらに、関連する問題として、コマの立ち上がり、逆立ちコマ、回転ゆで卵の立ち上がりなどとの類似点と相違点に触れておきます。

第 3 章　歳差事始

3.1　コマの歳差

　コマを回す（自転させる）と倒れないで、地面に垂直な架空軸のまわりに、自転軸の先が水平な円を描いて運動することはよく知られています 21)。つまり、回さないコマはすぐに倒れますが、回すと倒れずに、自転軸の先は円を描く運動をします。これが歳差です。これは、誰もが認める 1 つの実験事実です。これを少し突っ込んで考察しますと、本書を貫く重大な原理が現れます。

　1.3 節でもちょっと紹介した、著者が幼年時代に親しんだけんかゴマを例に、コマの振る舞いを追って見ましょう。鉄枠のコマを地面に斜めにたたきつけるように投げて回すときには、投げるときの力の入れ方（回転の速さ）によって、コマにはいろいろな運動状態が見られます。タッタッタと、ジャンプしながら飛び回ったり、円を描いたりした後、一点に落ち着きます。それから、コマは心棒を傾け、自転軸の先端は円を描きます。場合によっては、この歳差運動をしながら、立ち上がってきて、数秒間地面に直立し、一瞬止まったような錯覚を受ける「澄む」とか「眠りゴマ」といった状態になり、次いで、摩擦でコマの回転速度が落ちてくると、重心が下がりつつ歳差しながら回り、最後には倒れます。

　本書は、このコマの一連の複雑な運動すべてを対象にするものではありません。いろんな運動段階のうち、後の議論に必要となる 1 つの段階のみを取り上げます。その段階とは、1 点を着地点にして傾斜角度を一定に保ったまま、自転軸が円運動する、言い換えると、重心の高さが一定で歳差運動をする段階のみを考えます。それは、次に出てくる車輪やジャイロスコープの自転軸の運動に共通するものです。

　本章の導入部でも言及した、現象としても興味深いコマの立ち上がりは、自転軸の着地先端部と地面との摩擦で発生するトルク（力のモーメント、偶力のモーメントともいいます）によって、重心をできるだけ高く保とうとする性質からくるもので、その紹介は 3.4 節まで取っておくことにします。繰り返しになりますが、ここでの話は、コマの重心の位置が一定の高さに保たれる段階だけに絞ります。常に、この条件が満たされるのは、ジンバルで囲われたジャイロスコープです。

　遊園地のバルーンレースを使った実験で見た、ジャイロスコープを公転させ

るとき、逆立ち、つまり自転の方向が公転の方向と逆である状態から始めても、最後は自転軸がひっくり返って、公転と同じ向きに落ち着く現象がこれからの課題です。このとき、重心の高さは、最初から最後まで一定に保たれたままで、扱いも単純ですみます。

　地面でコマを回す場面を考えてみましょう。地表では地球の重力が働いています。したがって、コマは回さないと倒れて、コマの重心が最も低い、安定した位置に落ち着きます。しかし、コマは回っていると倒れずに、着地点を中心にして、また他方の自転軸の先端は地面に平行な水平面を歳差とよばれる円運動をします（図9）。さて、改めて述べるまでもありませんが、コマには、回っていても回らなくても、下向きの重力が作用しています。このことから、自転しているコマに、下向きに落とす力がかかると、それに抵抗して、その力に直交する水平方向に自転軸が動き出すことがわかります。

図9　コマの歳差運動

自転するコマは、重力による下への強制的方向変化（倒す）に抵抗して、それに直交する水平方向に動き、円を描く歳差運動をする（ジャイロ効果）：力学的には、重心Gでの下向き重力と支点Oでの上向き抗力が偶力を形成し、そのトルクで水平な歳差円運動をすると説明される（6.5節）

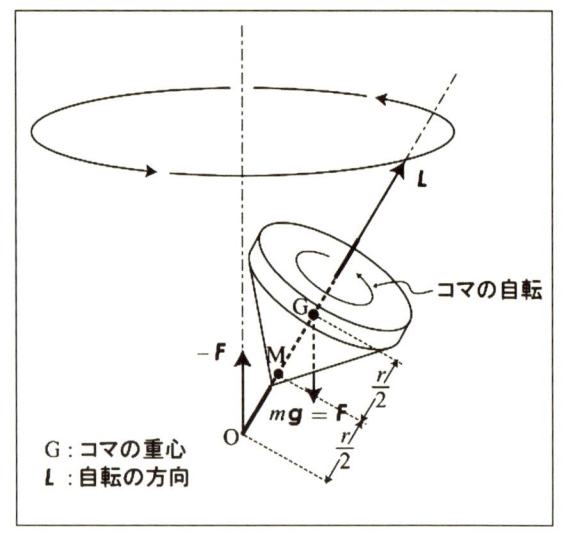

　終始、重力はかかり続けていますから、コマが自転している限り、歳差という円運動が続きます。これがジャイロスコープ効果とよばれる現象です。この「歳差運動」は、「みそすり運動」とも「首振り運動」とも表現されます。すり鉢の中のみそやごまなどを、すりこぎ棒を使ってすりつぶす際の、すりこぎ棒の先端の動きを「みそすり運動」といいますが、若い世代の人たちには、みそすりの作業自体が生活の場面から見られなくなり、イメージしにくいと思われ

ますので、本書では、もっぱら「歳差」という用語を用いることにします。著者の学生時代は、専門書でも「才差」という簡略文字が使われていましたが、いつの間にか、現在の教科書、専門書では、「歳差」に戻っています。（また先達が使っていた地球年令も年齢に変わり、漢字表現の退行現象には戸惑っている次第です。）

それでは、ジャイロスコープの自転軸は、どちらの向きに歳差運動するのでしょうか。コマを回すときのひもを巻く向きの違いによって、コマの自転の向きは逆になります。この違いにより、歳差運動は、上から見て、時計まわりか、反時計回りかの円を描く歳差運動となって現れます。この歳差の向きについて、追い追い調べていくことにします。そこでは、力の方向、自転の方向、歳差の方向の3つの関係が明らかになります。

3.2 車輪の歳差

アメリカの大学では、物理の講義で、ジャイロ効果を示す面白い演示実験があるそうです。自転車の車輪1本を使うもので、あっと驚く様子が想像できます。車輪の中心に軸となる心棒を通します。心棒の端を台上に置いても自転できるように、支点に工夫しておきます。他方の端も自転可能にして手で水平に支え、車輪を勢いよく回しておいて、その手を放します（図10）。

図10 車輪の歳差運動
自転する車輪は、重力の強制方向変化（落とす）に抵抗して、それに直交する水平方向に動き、円を描く運動をする（ジャイロ効果）：力学的には、下向き重力と支点の抗力が偶力を形成し、そのトルクで水平な歳差円運動をすると説明される（6.5節）

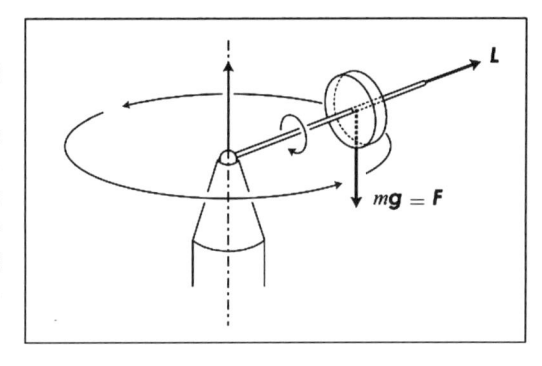

車輪が回っていなければ、当然車輪は心棒もろとも下に落ちます。ところが、回転させておいて手を放した場合はどうでしょう？ 下に落ちるどころか、水平方向にゆっくり回り出すのです 21)、22)。つまり、歳差運動が起こったこと

43

になります。重力が働いて自転している車輪を下に落とそうとするので、ジャイロ効果が働いて、重力とは直交する水平方向に動き出すのです。コマの場合と同じで、最初の自転の向きによって、歳差運動の方向は逆になります。そこで、車輪がどちら向きに動くかを念頭において話を進めることにします。ちなみに、この節の現象はインターネットの動画サイト「ジャイロ効果」で見ることができます。

3.3 ジャイロスコープの歳差

ジャイロスコープを用いても、バランスを崩す力を加えれば、歳差運動を起こすことはできます。ジャイロスコープについては、第1章でも述べましたが、重心の位置が空間に対して固定されるように作られているだけでなく、地球の重力を感じないようにバランスが取られてもいます。したがって、中のジャイロを自転させただけでは、自転軸の方向は変化しません。自転が続く限り、外の空間に対し、同一方向を指し続けます。

ここでは、ジャイロスコープ全体を机の上に置き、中のコマを自転させるが、公転運動はさせない場合の実験について話します。何もしなければ、自転軸は最初に与えられた方向を保つ状態が続くだけです。歳差運動を起こすには、バランスを崩す必要があります。図1のジャイロスコープについて述べます。ここでは、高校物理実験用のジャイロスコープ（支点がクギ状）で、S_5S_6を垂直にして置いた場合に話を限定します。

（1）水平歳差（重力ジャイロ効果）

図1のS_1かS_2の部分を指で下に押すとか、おもり（マグネット）を付けて重力で下向きの力を加えるとか、そうすると、S_5S_6軸の回りに、円運動（水平方向の歳差）をし始めます。この歳差は、3.2節の車輪の歳差と同じで、最も一般的に知られたジャイロ効果に相当する現象です。次の歳差と区別のため重力ジャイロ効果とよびます。

（2）垂直歳差（公転ジャイロ効果）

図1のS_3かS_4の部分を指で水平に押せば、公転と同じ効果となり、S_3S_4軸

第3章　歳差事始

まわりに半円を描いてひっくり返り（垂直方向の歳差）が起こり、そのあと、指の力がすうーと抜け、抵抗感がなくなって終ります。この歳差は、1.3節で述べた歳差と同じで、ジャイロスコープを回転台などに載せて公転運動をさせて、自転軸がひっくり返って公転軸にそろうジャイロ効果に相当する現象です。こちらは、100年来の発見を論文にしたばかりなので、なじみの薄いものです。（1）と区別のため、公転ジャイロ効果とよびます。

　これらは、実際にジャイロで実験してみないとわかりにくいものです。今の話は、一番外のS_5S_6軸を垂直置き（V）にした実験です、S_5S_6軸を水平置き（H）にした実験では、また変わってきますので注意が必要です。頭で考えるだけでは混乱します。回転台上の実験の場合、6.6節で触れますが、S_1〜S_6の支点の構造が尖ったクギ状か面積のあるベアリング状かにより、また、一番外のS_5S_6を垂直置きか水平置きかにより、見かけの運動が変わる場合があります。特に、水平置きで、支点がベアリングでできたジャイロスコープは、大揺れします。しかし、ひっくり返るという大まかな動きは、時間は2倍近くかかりますが同じです。

　自転軸は、下（重力方向）に押せば水平に動き、横（水平円の接線方向）に押せば垂直に動くということです。方向は90°異なりますが、これも歳差運動です。この押す方向、つまり、力の方向により、歳差の方向が決まってきます。

　自転軸が水平状態で、横に押し回すと垂直方向に動き出す現象についての部分的記述はあります 23)、24)、25)。しかし、公転円運動により、ひっくり返る全体運動になると、書かれていないばかりか否定視されます（論文投稿時、器具の不具合のせいと拒絶されたことがあります）。公転円運動させるとき、自転軸は空間の同一方向を指し続け、横にも、ひっくり返りも起こらないとの説が今日まで続く100年来の常識とされています。

　以上の3つのケース、つまり、コマ、車輪、ジャイロスコープは、見かけは違っているように思えますが、そこに起こる歳差運動は、実は同じ原理で起こっています。このことを、明らかにしていきます。本書を貫く考え方は、たった1つです。「ジャイロスコープ効果」と呼ばれる原理です。自転している物体にその自転軸の方向を変えようと力が作用すると、その力の方向とは、直交する方向に動き出すというものです。

力の形態は問題となりません。手で押すのも、リンゴを落下させるのも、公転させるのも力です。さらには、太陽や月の引力も力です。どのような種類の力であっても、自転している物体に自転の方向を変える力が作用すると、自転軸はその力の方向とは直交する方向に動き出す ── つまり、ジャイロ効果が現れる ──。この1つの原理で、本書に出てくる現象のすべてを説明します。

ここで少し寄り道になりますが、コマの立ち上がり、逆立ちコマ、回転ゆで卵の立ち上がりとの類似点・相違点などを明確にしておきます。

3.4　コマの立ち上がり・逆立ちコマ・ゆで卵の立ち上がり

3.1節で、コマが立ち上がっていく段階があることを話しました。これは、床面との摩擦で発生するトルクによるものです。この摩擦トルクは、重心を可能な限り高く上げようと作用します。ついには、垂直に立ち、「澄む」とか「眠りゴマ」といわれる状態にまでなります。この摩擦トルクは、「逆立ちコマ」[26]とか「回転ゆで卵の立ち上がり」[27]の現象を議論するとき重要になります。

本書が扱うジャイロスコープのひっくり返りは、重心の高さは終始変わらず、別な現象です。誤解を避けるため、ここで、「逆立ちコマ」、「ゆで卵の立ち上がり」に若干触れておきます。これは、上述のように、コマが立ち上がっていく段階に相当するもので、床面との摩擦によるものです。重心の位置が上下に変化するケースです。硬貨や碁石も、指ではじいて回転させると、重心が高い状態で回り続けることは、日常的に体験できます。

量子力学の開拓者 N. ボーアと W. パウリが、逆立ちコマに興じている写真を目にすることがあります（インターネットでも）。面白がったものの、さしもの大物理学者たちも説明には難渋しました。1952年になって、オランダ・ユトレヒト大学の核融合の研究者である C. M. ブラームス（Cornelis Marius Braams）および同大学の理論物理学者 N. M. ヒュヘンホルツ（Nicolaas Marinus Hugenholtz）らにより、やっと説明のつく論文2編が登場しました。重心のずれた球形モデルの扱いです。その後も多くの論文が続き、1999年には C. G. グレイと B. G. ニッケル（Christopher G. Gray & B. G. Nickel）により、総合報告の形にまとめられました[26]。この方面の研究には必読の論文となっています。

第3章 歳差事始

逆立ちコマもコマと床面との摩擦により、重心ができるだけ高くなろうとする現象です。図11のように、現象としては軸がひっくり返っているが、よく見ると回転の向きは変わっていません、最初に回した向きと、逆立ちしたときの回転の向きは同じなのです。おもちゃ屋で求めることができ（数百円）、誰もが簡単に実験できます。見かけにだまされそうですが、この現象の秘密はコマの重心の位置にあります。回転しない、つまり止まっているときは重心の位置が低い図11の(a)が安定した状態で、回転させると同図の(b)を経て(c)の逆立ち状態になり、この(c)が、重心が最も高くなるように作られているのです。しかし、回転の向きそのものは最初から最後まで同じ向きです。それに対して、本書では、自転の向きそのものが、逆転するケースを扱いますので、別問題です。

図11 逆立ちコマ
形状軸はひっくり返るが、回転の向きは終始変わらない：床面との摩擦で重心が最も高くなるのが安定状態と説明される（後述）

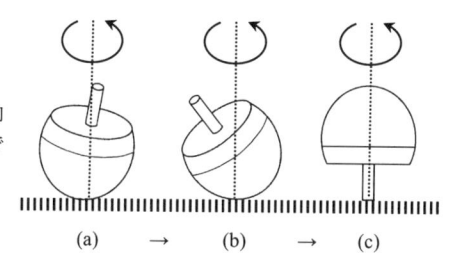

(a) → (b) → (c)

ゆで卵も床の上で回転させると、立ち上がります。やはり床面との摩擦により、重心が高くなる現象です。この19世紀来の問題が数学的に解かれたのは、21世紀に入ってからでした。ケンブリッジ大学のH. K. モファット（Henry Keith Moffatt）教授と慶應義塾大学の下村裕教授の共同研究によるものです27)。その問題提起から解決に至る研究の道筋が、文献28)に生き生きと描かれています。軸対称の物体が大きな角速度で回転するとき、摩擦でエネルギーが散逸する過程であるにもかかわらず、ジェレット定数とよばれる物理量が存在し、これが保存することを発見したのをきっかけに、これを回転楕円体に適用して解かれたということです。

しかし、数学的にはきちんと解けても、もっと直観的な説明がつかないかという問には、数式なしで答えることは難しいということです。（本書もその悩みを有するものです。）なお、生卵を最大限速く回転させると立ち上がるかどうかは、依然として未解決の問題として残っていて、解決への道は遠いようです。

この節で紹介したいくつかの現象の共通点は、物体を回転させると、床面との摩擦トルクで物体の重心ができるだけ高くなろうとする点です。本書で取り扱うジャイロのひっくり返りがこれらの現象と違うのは、最初から最後まで重心の高さが変わらず、自転軸の向きが逆転するという点です。

　さて、どのような方法で、「公転するジャイロスコープの軸が逆転する」ことを示し、かつ、「地球の自転軸が公転軸方向にそろっていく可能性のある」ことを示していくかです。
　前者は、全くの古典力学の問題に属するので、その解を求め実験と比較し、正解であることを証明しなければいけません。後者は、通常は観測による証明に属する問題ですが、46億年間で180°から現在の23.5°になる可能性ですから、単純計算しても、

$$(180° - 23.5°) \div 4600000000 \text{ years} = 0.000000034°/\text{year}$$

の値で、このような小さな角度変化は、観測対象にはなりえません。10万年とか100万年といった年数を要します。したがって、別な方法が必要となります。実験的に検証できれば、話は別でしょう。そこで、次の方法を考えました。

（1）公転するジャイロスコープが逆転する現象を理論と実験の両面で証明する。
（2）（1）を解く論理過程に、人工衛星の自転軸逆転を可能にするヒントがあるかを探す。あれば、理論化し、そこから実験可能な資料を求める。
（3）（2）の理論を地球に適用した結果を示し、その重要性から人工衛星実験を提言する。

　（1）はできました。（2）は技術的困難（後述）をクリアーしなければならず、その克服には多数の意欲ある理解者の協力が必要で、わかりやすく説得力ある説明が求められます。
　そうした要請に応えるには、ジャイロスコープ効果による説明を避けて通れません。このジャイロ効果は、言葉による説明だけで通り過ぎてしまうと、い

ずれ行き詰ってしまいます。そこで「ベクトルの外積」という道具の使い方を手に入れ、先にある難所越えに備えます。といっても、ペットボトルのふたを開け閉めする動きのルールを、記号化する程度の話で済みます。

　「ベクトルの外積」に通じている読者は、第4章を飛ばしても、なんら差し支えはありません。後々のための準備運動の章です。なじみのない方や、数学が苦手な方も同様です。

第4章　回転運動とベクトルの外積

　第3章の最後にたどりついた目標「『わかりやすく説得力ある説明』を手にする」を目差して第一歩を踏み出すにあたり、まずペットボトルのふたの開け閉めを数式で表現し、それを回転運動の記述に応用することをイメージして下さい。まず、応用の対象であるジャイロ効果を振り返ってみます。「回転体の自転軸の方向を変える力が作用すると、自転軸がその力の方向とは直交する方向に動き出す」ことだと述べました。3.2節に紹介した車輪の実験に引き直していいますと（図10）、水平状態に置かれた自転軸は、支点とは反対側の支えを取り去ると回転体全体に下向きに重力がかかりますが、このとき、下に落ちずに自転軸が水平な円を描く（歳差する）というのです。このとき、この水平な円運動はどちら向きをとるのでしょうか？　どちらも可能です。それは自転の向きによります。

　これらの関係は、ベクトルの外積という数学的道具を使うと、簡単に表現できるのです。本書には、いろいろな回転が次から次へと出てきます。その1つ1つを言葉で説明していくと、返って混乱することが予想されます。むしろ、数式で表現（記号化）した方が、視覚的に理解でき、早道かと思われますので試験的にこの方法でやってみます。そばに、ペットボトルのふたがあれば、もっと楽でしょう。

　高校数学で学ぶ内積の親戚である外積を使うと、歳差の向きなど、回転運動に関する内容を簡単に表現することができます。外積といっても、ねじを回すとか、ふたを開け閉めする話ですから、ことさら恐れる内容ではありません。回転を効率的に表現する数学上の道具で、後の本題に関係しますので、しばしお付き合い下さい。予備校でも、大学入試問題への取り組みにおいて、外積の有用性が強調されています[29]）。

第4章 回転運動とベクトルの外積

4.1 ペットボトルのふたの開け閉めと外積

図 12 の矢印の付いた線 **a, b** ですが、直感的には、よく街角で見かける、会場案内を示す矢印付きの張り紙と同じです。これを数学ではベクトルといいます。教科書的には、ベクトルは、線分に向きを示す矢印をつけ、移動を表す有向線分と定義されます。点 O から点 R への移動を $\overrightarrow{OR} = \mathbf{r}$ と矢印や太字で表します。有向線分の長さ OR= r が移動の大きさを、矢印が移動の向きを表しています。点 O を基準とする点 R の位置ベクトルともいいます。高校では $\vec{a}, \vec{b}$ と矢印をつけ表記しますが、本書では一般的な太字で表します。

図 12 ベクトルの定義：
街で見かける会場案内の方向を示す長さ1の単位ベクトル **a, b**
原点 O からある地点 R への移動を表すベクトル $\overrightarrow{OR} = \mathbf{r}$;
点 O を基準とする点 R の位置ベクトルともいいます

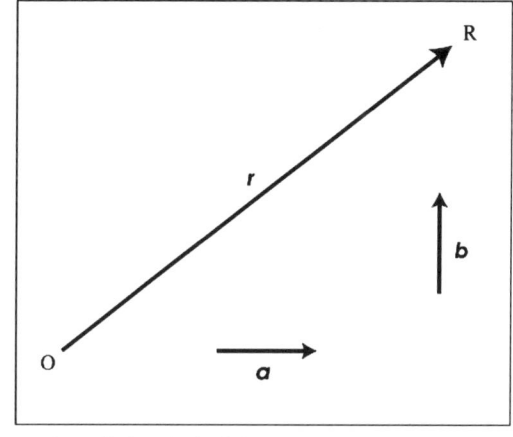

ベクトルが空間のどこにあっても、移動を表す長さと向きが同じなら、同一のベクトルとみなされ、存在する場所は問題にしない約束です。また、ベクトルはどこにでも平行移動できます。特に、大きさ 1 のベクトルは「単位ベクトル」といいます。

図 13 はペットボトルのふたを表しています。ふたを開けたり閉めたりする行為をベクトルで表現します。上の図は真上から見た図で、下の図は立体的に見た図で、2 つを見比べながらの説明になります。(a)はふたを開ける図、(b)はふたを閉める図を表します。

ペットボトルのふたにマジックで 2 本の矢印を書いたと思って下さい。この 2 本の矢印に **a, b** と名前をつけ、単位ベクトルとします。このとき、図の 2 本のベクトル **a, b** のなす角は、90°か 270°といえますが、今後 2 本のベクトルが

出たときには、小さい方のなす角のみを対象に考えます（こうしないと、外積に関する議論が迷路に入ってしまうからです）。

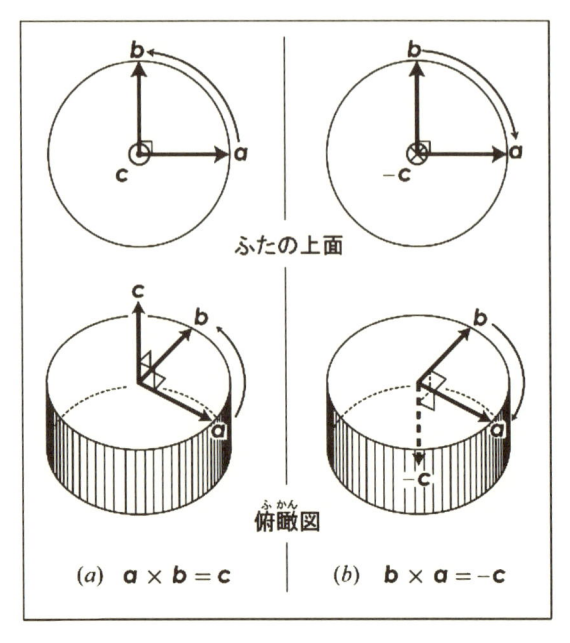

　ここで、ペットボトルのふたを開け閉めする場面を思い出して下さい。回し方は、「右ねじ回し」という方法で一貫させることにします（通常のやり方で、本書もこれに従います）。上図は、ペットボトルのふたを真上から見たものです。矢のとがった先端を「矢先」とか「鏃(やじり)」といいますが、ここでは簡単な「矢先」とします。「右ねじ回しに開ける」

(a) $a \times b = c$　　(b) $b \times a = -c$

図13　(a) ペットボトルのふたを、aの矢先からbの矢先に向け右ねじの方向に回すと、cの方向に進んでふたが開く、これを$a \times b = c$と表す。(b) ペットボトルのふたを、bの矢先からaの矢先に向け右ねじの方向に回すとふたが閉まる、これを$b \times a = -c$と表す

というのは、図13 (a)の下の立体図のように（図14のねじの回し方に同じ）、aの矢先からbの矢先に向かうように回す動作をいいます（下から上を見て時計回り）。閉めるときは、図13 (b)の下の図のように、bの矢先からaの矢先に向けて時計回りに回します。

　普通にドライバーを回して木材や金属にねじをねじ込むときの、時計回りの回し方を右ねじの回転といいます。このとき、ねじが進む向きを右ねじの進行方向といいます。これを、外積と関係づけて見た図が図14です。この図では、ベクトルの外積と右ねじを右回しにした場合に進む方向との類似性が示されています。以後、ベクトルを回転させたり、その回転が進む方向を問題にする場合、「右ねじ方式で回す方向」とか「右ねじ方式で進む方向」とか、また簡略して「右ねじの回転（方向）」とか「右ねじの進行（方向)」といった表現を使う

第4章　回転運動とベクトルの外積

ことにします。図 14 のねじの回転と進行が、外積を表現するもっとも基本となる図式関係を示しています（左ねじは逆の関係となり混乱を招くので避けます）。

図 14　ベクトル **a**, **b** の外積の幾何学的表現と右ねじの動きの類似性

左図 : 2つのベクトル **a**, **b** の外積 **a** × **b** は、**a** から **b** への回転が右まわり（時計回り）に見える位置に視点を置き、その位置から見上げて、平面（**a** , **b**）に対して垂直上方に向かうベクトル **c** を与える．この関係を **a** × **b** = **c** と書く

右図 : 右に回したときに前進し、締まっていくねじ（「右ねじ」という）の回転方向と進行方向は、外積の幾何学的表現と類似している

ベクトル**a**, **b** の外積**a**×**b**=**c**の幾何学的表現（|**a**|×|**b**|=|**c**|=1）

右ねじの回転方向と進行方向

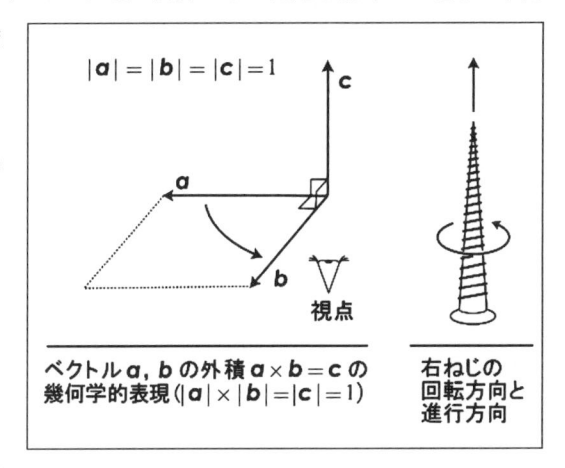

　図 13(a) の上の図で、**a** の矢先から **b** の矢先に向かって右ねじに回すと、紙の背面から垂直に、見ている顔に向かって浮かび上がってきて、ふたが開きます。これを外積とよび**a**×**b**と表します。矢が自分に向かってくるイメージから、図式的には「⊙」と表します。下の立体図の **c**（単位ベクトル）に相当します。そこで、この関係を**a**×**b**=**c**と表すことにします。つまり、右ねじ方式とは、**a**×**b**の回し方が **c** 方向に進むことを意味する表現です。

　逆に、ふたを閉めるときは、**b** の矢先から **a** の矢先に向かって右ねじ方式に回します。このときふたは、紙の前面から背面へとまっすぐ沈み込む方向に進み、ふたが閉まります。これも外積で**b**×**a**と表します。矢が自分から飛び去るときの矢羽の後姿から、図式的には「⊗」と表します。下の立体図の −**c** に相当します。そこで、この関係を**b**×**a**=−**c**と表します。つまり、**b**×**a**の右ねじの回転が、−**c** の右ねじの進行に等しいという意味です。

　図 13 の下の立体図を基に外積を復習しておきます。2本のベクトル**a**, **b** が与えられたとき外積とは、「×」の前のベクトルの矢先から「×」の後のベクトルの矢先に向かって右ねじ方式（図 14 の回し方）で回して進む方向に外積が生じ

ることになります。したがって、外積はベクトルを掛ける順序によって、進む方向が正反対になります。

また、逆に、ベクトル**c**が1本与えられると、それを右ねじの進む方向と解釈する円を考えることができます。つまり、この**c**を1つの軸と考え、それに垂直な平面内に、**c**軸との交点Oを中心にして円を描くことができます。この円の中心Oから円周に向け2本のベクトル**a**, **b**があって、それがOを中心にして、**a**の矢先から、**b**の矢先に向かって右ねじ回しで**c**の矢先の方向に進むと考えることが可能だということです。

結局、ペットボトルのふたを開けるのに、2本のベクトルを使って**a**×**b**と表すこともできるし、1本のベクトル**c**を右ねじが進む方向と解釈して表すこともできるということです。同様に、ふたを閉めるのに、2本のベクトルを使って**b**×**a**と表すこともできるし、1本のベクトルを使って−**c**と表すこともできるということです。2本より1本の方が簡単なので、今後、簡単な1本を使う場面が多く出てきます。

この長さ1で、互いに直交するベクトル(**a**, **b**, **c**)を基本ベクトルといいます。この基本ベクトル系を物体（の重心）に貼り付ければ、その物体の複雑な回転運動が簡単に記述できます。その応用例をいくつか挙げてみましょう。

4.2　ピッチ・ロール・ヨーと外積

外積を使うと、船や飛行機が嵐の中で揺れ動くさまがすっきりと表現できます。外の空間に対し、船体や機体と一体化した自分がどのように揺れているかを感知できれば、それなりに対応が取れます。図1の自由度3のジャイロスコープの台座を船体や機体に固定したと思って下さい。すると、船体や機体の揺れに合わせてジャイロスコープの台座が同じ揺れをします。

最初にジャイロスコープに高速回転を与え、その自転を長時間維持させれば、自転軸は、最初に与えられた（外の空間に対する）方向を船体や機体の揺れに関係なく、維持します。船体や機体が揺れるということは、ジャイロスコープの自転軸に対して揺れることになります。つまり、外界空間の同一方向（を指す自転軸）に対する自分（船体や機体そのもの）の動きを知ることができます。自転軸が空間の一定方向を指すことで、相対的に自分の空間における揺れ動き

第 4 章　回転運動とベクトルの外積

を感知できますので、それなりの対応策が取れることになります。

　この節では、船体や機体の動きとして、ピッチ、ロール、ヨーについて述べます。この言葉は、乗組員から見たときの船体・機体の重心回りの動きを表現するもので、船乗りやパイロットが感じ取る動きになります。言葉を変えると、ピッチ、ロール、ヨーは、船体や機体に固定された 3 次元座標系 $(\mathbf{a},\mathbf{b},\mathbf{c})$ が、重心回りにどう揺れ動くかを記述するときに使います。これをベクトルで表してみましょう（図 15）。

図 15　船のピッチ・ロール・ヨーは、重心に固定した $(\mathbf{a},\mathbf{b},\mathbf{c})$ のベクトルの外積で表される：
(1)　ピッチ：
　波に乗り上げるとき、$\mathbf{b}\times\mathbf{c}=\mathbf{a}$
　波の谷に落ちるとき、$\mathbf{c}\times\mathbf{b}=-\mathbf{a}$
(2)　ロール：
　右に倒れるとき、$\mathbf{c}\times\mathbf{a}=\mathbf{b}$
　左に倒れるとき、$\mathbf{a}\times\mathbf{c}=-\mathbf{b}$
(3)　ヨー：
　左へ向うとき、$\mathbf{a}\times\mathbf{b}=\mathbf{c}$
　右へ向うとき、$\mathbf{b}\times\mathbf{a}=-\mathbf{c}$

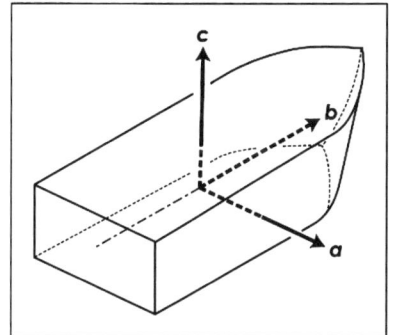

（1）ピッチング； ピッチ軸

　船が嵐にあったときよく使われる言葉です。船が大波の山に乗り上げたり、大波の谷に落ちるときに使われます。大波に乗り上げるときは、図 15 で、ベクトル $\mathbf{b}$ の矢先がベクトル $\mathbf{c}$ の矢先に向かいます。このとき左舷からみて右ねじに進む方向が $\mathbf{b}\times\mathbf{c}=\mathbf{a}$ です。逆に、大波から下の谷に向かって落ちるときは、右舷からみて $\mathbf{c}$ の矢先が $\mathbf{b}$ の矢先に向かいますから、その右ねじ方向は $\mathbf{c}\times\mathbf{b}=-\mathbf{a}$ に相当します。この動きを海運や航空の世界ではピッチングといいます。

　航空機の離着陸のときを考えます。重心から見ると、離陸のときは機首を上に向けるので、$\mathbf{b}$ の矢先が $\mathbf{c}$ の矢先に向かい、動く方向は $\mathbf{b}\times\mathbf{c}=\mathbf{a}$ と書けます。逆に、着陸のときは機首を下げるので、$\mathbf{c}$ が $\mathbf{b}$ に向かい、$\mathbf{c}\times\mathbf{b}=-\mathbf{a}$ と書けます。つまり、船でも飛行機でも、ピッチングという動きは、$\mathbf{a}$ 軸回りの回転で表現でき、$\mathbf{a}$ 軸はピッチ軸とよばれます。

(2) ローリング；ロー軸

　船が嵐に合い横波を受けて、倒れそうになるときがあります。この動きを業界用語でローリングといいます。乗組員からみて進行方向の右に倒れるときは、cの矢先がaの矢先に向かいますから、右ねじに進むと$c \times a = b$と書けます。逆に、左に倒れるときは、aがcに向かいますから、右ねじ進行で$a \times c = -b$と書けます。この動きを、船乗りはローリングといい、飛行機も同じ用語を使うようです。つまり、船でも飛行機でも、ローリングという動きは、b軸回りの回転で表現でき、b軸はロール軸とよばれます。

(3) ヨーイング；　ヨー軸

　船や飛行機が進路を左右に変えることをヨーイングといいます。

日本海海戦の帰趨（きすう）を決めた「取舵（とりかじ）」

　1905年、日露海戦の最終決戦で、一列縦隊で北上してくるロシア艦隊を、ついに日本艦隊は、迎え撃つことになりました。この海戦で、射程距離圏内（8 km）に入ったとき、日本艦隊司令長官は、右の手を高々と掲げるや、その手を大きく左に振り下ろしました。「取舵一杯（とりかじ）」（左へ向かえ）です。敵前回頭を図り、横腹を見せる捨て身の戦法に、組みやすしと突進してくるロシア艦隊を、日本艦隊は敵艦の先頭をT字形で圧迫しつつ、後続艦隊と両側から挟み撃ちする作戦を取り圧勝したとのことです。このT字（丁字）戦法は、能島水軍の兵法書に載っているといわれ、一列縦隊の敵艦を、先頭から1隻ずつ順々に、双方向から攻撃する戦法にヒントを得たと言われています。
　西洋の侵食に苦しむ世界の中、最後に残された極東の真に小さな国が、積年の外圧をはね退けんとする一反撃であり、アジアが一条の光を感じた一瞬でもあったといえるでしょう。しかし、その後、軍事主導のベクトルに方向修正がかからず、多くの人々を苦しめる結果となり、何とも重苦しい無念さを感じてなりません　──　私の世代は、「国破れて、山河あり」の子供時代で、ひもじくものびやかではあったのですが……。
　また、この歴史の裏側には、こんな逸話が残っています。戦費調達に走り回る日銀副総裁高橋是清に、ロスチャイルドは面会を許さず、代理人ヤコブ・シフを介して2億ドルを貸し付けた上、20：1のギャンブルの対象にしたと……。必死に植民地化を拒み続ける小国の思いも、ヨーロッパの財閥には賭けの対象でしかなかったとみえま

す。

　当時、日本が西洋の目にどのように映っていたかを語るエピソードをもう1つ。明治に入って日本は、西洋に追いつこうと、盛んに西洋文化を取り入れていました。留学も盛んでした。後に日本数学界の第一人者と評される高木貞治の回顧録 30)には、1898年にドイツに留学するのに先立ち、帰朝したばかりの先輩のところに参考になる話を聞きに行ったとき、「君、フロベニウスのところへ行くなら余程注意しなければいかぬ」といわれたとあります。

　当時ドイツは科学や数学の隆盛時代で、G. F. フロベニウス（Georg Ferdinand Frobenius）はそんな時代のドイツの大数学者で、大学の要職への就任演説でドイツ科学の先進性を大いに自讃した後、「それで、外国人がしきりに、ドイツへ科学を勉強に来る。アメリカからも来れば、どこからも来る。近頃は日本人すら来る。今に猿も来るだろう」という話を聞かされたのです。これにはホッとする後日譚もあるのですが、またの機会にとっておきます。

　また、船乗りは、左へ舵をきることを取舵(とりかじ)と呼びます。図15で、底から上をみて$\mathbf{a}$の矢先が$\mathbf{b}$の矢先に向かうので、右ねじ進行で$\mathbf{a}\times\mathbf{b}=\mathbf{c}$と書けます。逆に、進路を右に変えるときは、$\mathbf{b}$の矢先が$\mathbf{a}$の矢先に向かうので、$\mathbf{b}\times\mathbf{a}=-\mathbf{c}$と書けます。この右への舵きりを、船乗りは面舵(おもかじ)と言います。取舵、面舵、ヨーイングは、ベクトル的に$\mathbf{c}$軸回りの回転で表現できるので、$\mathbf{c}$軸はヨー軸とよばれます。

　（1）、（2）、（3）の3つを組み合わせれば、3次元のどんな揺れ動きも表現できます。

4.3　玉突き移動　——サイクリック移動——

　前節では、$\mathbf{a}$、$\mathbf{b}$、$\mathbf{c}$の順序が変わることで6つ外積が出てきました。一見大変そうですが、玉突き移動のルールさえ知っていれば、1つから他の全部を出すことができます。たとえば、ヨーイングのところで、

　　$\mathbf{a}\times\mathbf{b}=\mathbf{c}$

とありました。これ1つあれば、他の5つはすぐ出てきます。上の関係を3つのベクトルが3つの座席を占めている状態になぞらえましょう。また、必ず、1座席には1つのベクトルが占めると考え、

$$\boxed{1} \times \boxed{2} = \boxed{3}$$

とします。座席$\boxed{3}$の右から左に向け1突きすると、1つずつ順序よく座席が移動し、

$$\boxed{2} \times \boxed{3} = \boxed{1}$$

になると考えると、

b×c＝a

となり、さらに、上の座席$\boxed{1}$の右から左へ1突きすると、また、1つずつ座席が移動して、

$$\boxed{3} \times \boxed{1} = \boxed{2}$$

つまり、

c×a＝b

となり、もう1回右から1突きすると、最初の位置

$$\boxed{1} \times \boxed{2} = \boxed{3}$$
a×b＝c

に戻ります。この最初の座席関係において、今度は左から1突きすると、

$$\boxed{3} \times \boxed{1} = \boxed{2}$$
$$\mathbf{c} \times \mathbf{a} = \mathbf{b}$$

となり、どちら側から突いても、1 つずつ順序よく移動させれば、同じ式は出てきます。

これを、$\mathbf{a}$ は $\mathbf{b}$ へ、$\mathbf{b}$ は $\mathbf{c}$ へ、$\mathbf{c}$ は $\mathbf{a}$ へと輪を描くように（サイクリックに）移動させると考えても、同じ結果となります（図 16）。

また、最初の式 $\mathbf{a} \times \mathbf{b} = \mathbf{c}$ で、積記号「×」を挟む $\mathbf{a}, \mathbf{b}$ を入れ替えると右辺の符号が逆に（ベクトルの方向が逆に）なって次式が得られます。

$$\mathbf{b} \times \mathbf{a} = -\mathbf{c}$$

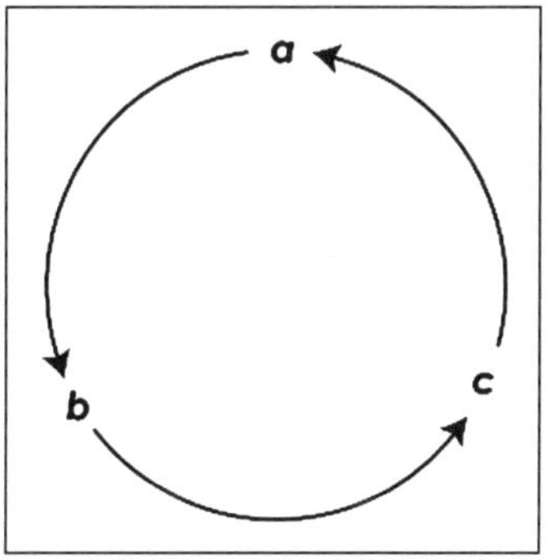

図 16 サイクリック移動
ベクトル積は、$\mathbf{a}$ を $\mathbf{b}$ へ、$\mathbf{b}$ を $\mathbf{c}$ へ、$\mathbf{c}$ を $\mathbf{a}$ へと順繰り（サイクリック）に移動できる

後は、玉突き移動でも、サイクリック移動でも

$$\mathbf{c} \times \mathbf{b} = -\mathbf{a}, \quad \mathbf{a} \times \mathbf{c} = -\mathbf{b}$$

は得られます。要するに、直交する単位ベクトルの外積は、1 つの関係式があれば、他は簡単に導かれるということです。ただし、注意すべきことは、このことが成り立つのは、直交する単位ベクトルの方向関係に限るということです。

物理学では、いろんな単位を持った物理量同士の外積の関係式が出てきますが、玉突き移動をそのまま使うことはできません、単位関係が乱れてしまうからです。ただ、直交していれば、方向関係を知ることには、利用できます。このことは、要注意です。

4.4 基本ベクトル空間

3 次元空間における物体の運動は、互いに直交する長さ 1 の基本ベクトル系 $(\mathbf{i}, \mathbf{j}, \mathbf{k})$ を用いて表すことができます（図 17）。

物体の運動を記述するには、不動の基準が必要になります。たとえば、体育

館の中で飛んでいくボールを追いかけるとします。普通は、無意識のうちに、不動の壁、床、天井に対する位置を追います。これを、数学的に表現するには、どうするでしょうか。

床の四すみの1つを選び、基準点Oとします。ここから、図17のように、床面と壁面の交わる直線（稜）に沿ってx軸、y軸を取り、床面に垂直に天井に向けてz軸をとります。このように座標系を定めることでボールの運動（位置と速度）を記述する基準にすることができます。

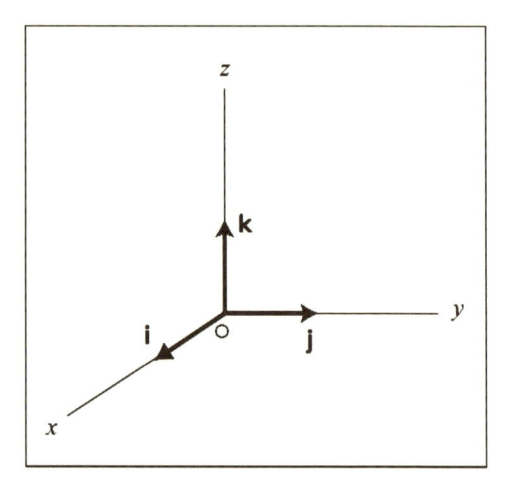

図17 基本ベクトル空間$(\mathbf{i}, \mathbf{j}, \mathbf{k})$と空間座標$(x, y, z)$
物体の運動を論じるときに、基本とする不動の準拠系で、通常、慣性系空間に貼り付ける

このとき、Oからx軸方向に向け、長さ1のベクトル$\mathbf{i}$をとり、同様に、y軸、z軸方向にも、長さ1のベクトル$\mathbf{j}, \mathbf{k}$をとります。結局、(x, y, z)でも、$(\mathbf{i}, \mathbf{j}, \mathbf{k})$でも、運動を記述できます。この$(\mathbf{i}, \mathbf{j}, \mathbf{k})$の間にも、$(\mathbf{a}, \mathbf{b}, \mathbf{c})$と同じ外積関係が成り立ちます。このような基準系$(x, y, z)$、$(\mathbf{i}, \mathbf{j}, \mathbf{k})$を右手（座標）系とよびます。$(\mathbf{i}, \mathbf{j}, \mathbf{k})$系を基本ベクトル空間といい、これを基準に物体の運動を記述することにします。最初は部屋や地表に固定して、そのあと、問題に適した基本ベクトル空間$(\mathbf{i}, \mathbf{j}, \mathbf{k})$を選ぶことにします。

ジャイロスコープを地表に置いただけでは、構造上のバランスから重力の影響は受けません。また、ジャイロの自転に比べ地球の自転は極端に遅いため、地球自転の影響もありません。そのため、ジャイロの自転軸は慣性の法則により同一運動状態にあり続ける、すなわち、宇宙空間に対して同一方向を指し続けることになります。

ニュートン力学やアインシュタインの特殊相対論では、物理法則が成り立つ空間を慣性系空間とよんでいます。この観点からいえば、地表は、ジャイロなどの回転体や放物体にとって、非常によい慣性系になっていると言えます。この慣性系空間で物体の運動を記述する数学的道具として、基本ベクトル空間を

第 4 章　回転運動とベクトルの外積

基準に選ぶのがもっとも一般的です。

　ジャイロ、人工衛星、地球が、宇宙空間をどのように運動するかという問題を立てる場合、自転軸の動きをどう記述したらよいでしょうか？　通常、その問題に応じ、ふさわしい不動の空間系を選ぶというのが答えです。その不動の空間系に相対的な剛体系（力を加えても変形しない仮想的物体を物理学ではこうよびます）の回転運動を記述します。不動の基本ベクトル空間 $(\mathbf{i}, \mathbf{j}, \mathbf{k})$ に対し、ジャイロ・人工衛星の重心の運動（円軌道など）が記述され、この重心に平行移動した不動の空間系 $(\mathbf{i}, \mathbf{j}, \mathbf{k})$ に相対的に物体の回転運動を記述することが多いのです。逆も可で、剛体系を空間系に平行移動して記述することもできます。要は、不動の空間系に相対的な剛体系の運動を知りたいのです。

　まず、地表での運動を考えます。ジャイロを回転台の中心に置くとき、重心の位置は変化しません。したがって、部屋とか机が不動の空間となり、それに相対的な自転軸の動きを観察します。部屋自体は地表に固定されることから、1日に1回転するとか、1年に1公転するとか、2億年で銀河が1回転するとかの運動はありますが、ここではそれらを一切問題にしません。つまり、部屋にいる観察者は、自転軸の重心まわりの動きのみを対象にします。対象とする問題に応じて、観察の基盤となる座標系を変えて対処します。

　ここで、フーコーの実験とは混同しないよう注意して下さい。地球は角速度毎分 0.000694 回転＝（1 回÷(24×60)分）で自転する回転台ですが、遅すぎるためその影響は全くなく、ジャイロの自転軸は空間の同一方向を指し続け不動の空間の役割を果たします。一方、部屋はそれに相対的に日周運動します。それに対し、1.3 節の実験では、バルーンレースの角速度は、毎分 8.5 回転で、地球の 12240 倍も速く回転しているため、ジャイロの自転軸はその影響でひっくり返ります。

　ジャイロを円運動する乗り物に乗せる場合、通常 2 通りの見方ができます。1つ目は、乗り物に一緒に乗っている観察者から見た、自転軸の重心まわりの動きです。2 つ目は、外の不動の空間から見た場合で、不動の空間とは、地面を指しています。この地面からみた自転軸の運動を知りたいときは、乗り物の観察者がみた運動を記述し、それに、乗り物の円運動をベクトル的に足し合わせると、外の空間から見た自転軸の運動が記述できます。

このとき、地球の1年1公転運動とか、2億年の銀河回転とかは、自転軸の逆転に影響しないので、当然方程式には入ってきません、つまり、対象とする問題に応じて、空間系は選ばれています。7章と9章の人工衛星の自転軸や地軸も同じで、運動記述にふさわしい空間系が選ばれています。そのときの議論には、原因とする公転は方程式に入ってきますが、太陽系の銀河回転とか、膨張宇宙とかの影響はなく、考察の対象外となります。

　運動方程式には、その現象の本質的要因のみが入ってきます。つまり、運動の記述において、対象とする問題の根底に、何が最も本質的な原因となっているか、見抜くことが求められます。換言すれば、物理では、考察する現象ごとに、どのように説明できるか、1番目の原因は何か、2番目の原因として何が考えられるかといった問題がつきまといます。

物理学はご都合主義の学問か？

　本文で述べた、一見ご都合主義的な物理学のあり方が、高校生にとって物理が嫌いになるか好きになるかの分かれ目となる感じがします。つまり、物理とは問題ごとに都合のいい原因で説明しようとする得手勝手な学問だとの印象を持てば嫌いになり、また、あまたある現象の中でその根底にある本質は何かを見極めることに興味を持てば好きになるということです。

　数学における一貫性とは、一味違った印象を受けるようです。例えば、大学入試問題でいえば、数学では、総合問題があります。これは、1つの問題を解くのに、高1から高3まで習う各単元のいくつかを絡ませて解かせようとする問題です。異なる単元で、全く違ってみえた分野が、統合された内容を持つ数学問題です。解ければ、高校で習う数学に一貫性が感じられ、一種のおののきに似た感動を覚えます。

　典型的な例を挙げますと、文献31)は、オイラーの公式を解説し、指数関数と三角関数が虚数を介して1つに結ばれる美に驚嘆し、円周率π、ネピア数e、虚数i間の関係式、

$$e^{i\theta} = \cos\theta + i\sin\theta, \quad e^{i\pi} = -1 \quad (\theta = \pi), \quad i = \sqrt{-1}$$

に、「人類の至宝」と、ファインマンさんともども絶賛しています。

　ところが、高校物理では、各分野が統合される問題が少なく、現象毎に別々の考え方で対応し、一貫性がない印象を持ちがちです。例えば、落下問題1つとっても、空気を無視できる場合と無視できない場合が出てきます。紙1枚を丸めて落とす場合と

ヒラヒラ落とす場合の違いです。また、天文現象に、力学を使ったかと思えば、電磁気学を使うといった場合です。ここで要求されるのは、今問題とする現象の本質は何かをつきとめる能力と嗅覚です。研究者の道に入れば、考え得るいろいろな原因を抜き出し、それぞれ比較検討し、最も影響する効果を探し出す必要に遭遇する場面があります。

　高校生レベルでは、天体の運行を問題にするとき、電磁気力の効果は無視できるとか、逆に、磁界内の荷電粒子の運動では重力の効果は無視できるとかと胸をはって言えるように、方程式の項を構成する物理量同士を数量的に比較検討する作業とオーダーエスティメーションを行なうセンスの養成が、どこかの段階で必要に思えます。これなしでは、問題ごとに、違った考え方で対処しようとする一貫性のない印象が残るようです。「前の単元であれほど重力を勉強したのに、今度の電磁気の単元では、なぜ磁界内での荷電粒子には重力のことを考えないのか？」といったように混乱するようです。重力効果を見積もって、比較検討し納得する必要があるようです。

　アインシュタインのように、生涯をかけて、重力と電磁気力をひとつにまとめようと、「統一場理論」を構築する研究は、また別格です。自然の各階層に現れる力を統一しようとする研究は、絶えず続くようで、人類のあくなき好奇心の現れでしょう。

4.5　オイラー角と角速度

　回転体の自転軸の重心まわりの回転運動を記述するのにうってつけの"道具"があります。オイラー角（図 18）とよばれるものです。運動を記述するには、重心を原点にした不動の座標系を想定し、それに相対的な動きを見ます。特に、自転軸の動きは、その原点まわりの回転運動を、角の変化として見ます。

　不動の空間座標を、4.4 節で定義した基本ベクトル空間 $(\mathbf{i},\mathbf{j},\mathbf{k})$ とします。図 18 において、座標系 $(\mathbf{i},\mathbf{j},\mathbf{k})$ を $\mathbf{k}$ 軸まわりに角 ϕ だけ回して得られる座標系を $(\mathbf{e}'_1,\mathbf{e}'_2,\mathbf{e}'_3)$ とします。次に、この $(\mathbf{e}'_1,\mathbf{e}'_2,\mathbf{e}'_3)$ 系を $\mathbf{e}'_2$ 軸まわりに角 θ だけ回した座標系を $(\mathbf{e}_1,\mathbf{e}_2,\mathbf{e}_3)$ とします。このときの $\mathbf{e}_3$ 軸が自転軸に当たるものとすると、ジャイロ自体は $\mathbf{e}_3$ 軸まわりに高速回転することになります。この自転軸 $\mathbf{e}_3$ の動きは、2 つの角 (ϕ,θ) で表せます。ここで、ϕ を**経度変数**、θ を**緯度変数**とよぶことにします、地球の経度と緯度に似た関係からです。地軸の天球上での動きの場合は、黄経、黄緯とよばれ、そのときの $\mathbf{k}$ 軸は、地球の公転軸、すなわち、

地球の公転軌道面に垂直な軸（黄道北極）に当たります。

次に、角速度について考えます。たとえば、$\mathbf{k}$軸まわりに、2秒間に10°回転したときの角速度は、10°/2秒と計算されます。これを文字式で表すことを考えます。

微少な時間経過Δt秒間に、微少な角$\Delta\phi$回転したときには、$\Delta\phi/\Delta t$となります。ここで、Δは微少量を表します。これの瞬間的な値を、簡単のためϕの上にドットを付けて$\dot{\phi}$（$=d\phi/dt=$この瞬間におけるϕの時間変化$=$$\phi$の角速度）と表します。これが$\phi$の角速度です。また、$\dot{\phi}$の回転の向きは、$\mathbf{k}$と$-\mathbf{k}$の2方向ありますが、$\dot{\boldsymbol{\phi}}$と太字のベクトルで表すことにすれば、$\mathbf{k}$方向なら$\dot{\boldsymbol{\phi}}=\dot{\phi}\mathbf{k}$を、$-\mathbf{k}$方向なら$\dot{\boldsymbol{\phi}}=-\dot{\phi}\mathbf{k}$を意味しますので、1つのベクトル$\dot{\boldsymbol{\phi}}$があれば、角速度の大きさと向きを合わせて表すことができます。

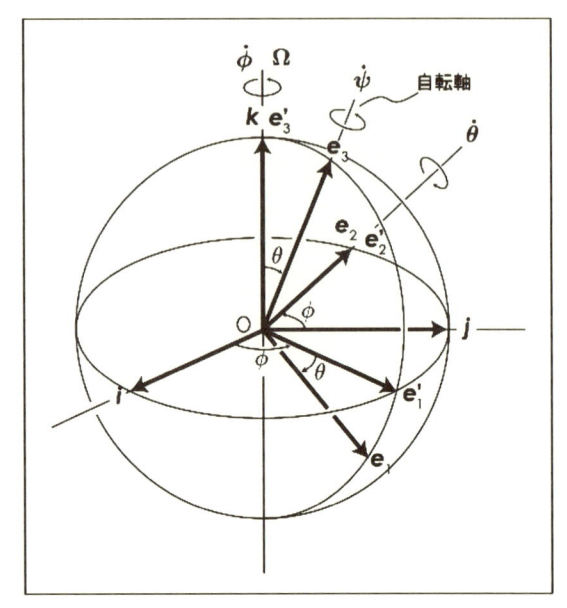

図18 基本ベクトル空間$(\mathbf{i},\mathbf{j},\mathbf{k})$とオイラー角$(\phi,\theta,\psi)$
$(\mathbf{i},\mathbf{j},\mathbf{k})$系を$\mathbf{k}$軸まわりに角$\phi$回すと$(\mathbf{e'}_1,\mathbf{e'}_2,\mathbf{e'}_3)$系になり、$(\mathbf{e'}_1,\mathbf{e'}_2,\mathbf{e'}_3)$系を$\mathbf{e'}_2$軸まわりに角$\theta$回すと$(\mathbf{e}_1,\mathbf{e}_2,\mathbf{e}_3)$系になり、$(\mathbf{e}_1,\mathbf{e}_2,\mathbf{e}_3)$系を$\mathbf{e}_3$軸まわりに角$\psi$回すと剛体系$(\mathbf{a},\mathbf{b},\mathbf{c})$になる：角速度は$(\dot{\phi},\dot{\theta},\dot{\psi})$で表せる

同様にして、$\dot{\boldsymbol{\theta}}$は、$\mathbf{e'}_2$軸まわりの自転軸の回転運動を表すベクトルですが、大きさと方向の2つを合わせ持ちます。特に、本書では、自転軸が$\theta=180°$から$\theta=0°$に減少する（立ち上がる）運動を論じますから、その回転運動は、$\dot{\boldsymbol{\theta}}=-\dot{\theta}\mathbf{e'}_2$（$\dot{\theta}>0$）で表現されます。また、コマの自転に関しては、$\mathbf{e}_3$軸まわりの回転になります。この$\mathbf{e}_3$軸まわりの角を$\psi$で表すことにしますと、自転はベクトル$\dot{\boldsymbol{\psi}}$となりますが、本書では、角速度の大きさが一定の自転（$\omega=\dot{\psi}=$一定）を扱いますので、$\boldsymbol{\omega}=\omega\mathbf{e}_3$とか$\dot{\boldsymbol{\psi}}=\dot{\psi}\mathbf{e}_3$と書くことになります。

今後出てくる角速度は4つで、$\Omega,\omega,\dot{\phi},\dot{\theta}$ですが、ギリシャ文字の上にドット

第 4 章　回転運動とベクトルの外積

を付けない場合と付ける場合があります。単位は同じ（角度）÷（時間）ですが、付けない場合の Ω, ω は、運動中一定であることを意味し、付ける場合の $\dot{\phi}, \dot{\theta}$ はそれぞれ調べたい自転軸の歳差と章動の運動を表す角速度に当たり、その時間依存性を求めることが、解くべき問題となります。

ついでながら、コマに貼り付ける単位ベクトル $(\mathbf{a}, \mathbf{b}, \mathbf{c})$ 系との関係について述べますと、自転軸 $\mathbf{e}_3$ が単位ベクトル $\mathbf{c}$ に一致します。コマが高速自転するときは、コマに貼り付いた $\mathbf{a}, \mathbf{b}$ が高速自転することになります。$\mathbf{e}_1, \mathbf{e}_2$ ではありません。$\mathbf{a}, \mathbf{b}$ も $\mathbf{e}_1, \mathbf{e}_2$ も同じコマの赤道面上にはありますが、コマと一緒に自転運動するのは、$\mathbf{a}, \mathbf{b}$ の方です。$\mathbf{e}_1, \mathbf{e}_2$ の方は、自転軸の歳差、章動 (ϕ, θ) を共にするゆっくりした運動をします。

地球でいえば、中心から北極に向って、長さ 1 の $\mathbf{c} = \mathbf{e}_3$ があります。また、中心から赤道表面に向って長さ 1 の $\mathbf{a}, \mathbf{b}$ が 90°の角度をなしています。この $\mathbf{a}, \mathbf{b}$ は、剛体的に地球に貼り付き、1 日 1 回転し、$\mathbf{c} = \mathbf{a} \times \mathbf{b}$ と表せます。一方、$\mathbf{e}_1, \mathbf{e}_2$ は、9.2 節に登場しますが、赤道面上にあり長さ 1 で 90°の角度をなす点は同じですが、$\mathbf{e}_3 = \mathbf{e}_1 \times \mathbf{e}_2$ は、歳差（26000 年で天空を一周）、章動（18.6 年周期の小波；9.21"[秒角]振幅）を共にする座標系です。

船や飛行機の揺れの記述には、$(\mathbf{a}, \mathbf{b}, \mathbf{c})$ 系が便利ですが、コマ、人工衛星、地球の自転軸の運動を調べるのには、$(\mathbf{e}_1, \mathbf{e}_2, \mathbf{e}_3)$ 系が便利です。なお、付録 IV の慣性モーメントは、$\mathbf{a}, \mathbf{b}$ も $\mathbf{e}_1, \mathbf{e}_2$ も同じコマ（軸対称や鏡映対称）の赤道面上にあることから、これらの軸については同じ A で、自転軸 $\mathbf{e}_3$、$\mathbf{c}$ 軸については同じ C で表すことができます。重心まわりの回転角を表す 3 つの量 (ϕ, θ, ψ) をオイラー角といい、角速度は $(\dot{\phi}, \dot{\theta}, \dot{\psi})$ で表せます。

今後、必要となる座標系は、不動の空間座標系 $(\mathbf{i}, \mathbf{j}, \mathbf{k})$、これを $\mathbf{k}$ 軸まわりに角 ϕ 回した座標系 $(\mathbf{e}'_1, \mathbf{e}'_2, \mathbf{e}'_3)$、この $(\mathbf{e}'_1, \mathbf{e}'_2, \mathbf{e}'_3)$ を $\mathbf{e}'_2$ 軸まわりに角 θ 回した座標系 $(\mathbf{e}_1, \mathbf{e}_2, \mathbf{e}_3)$ の 3 つです。3 つ目 $(\mathbf{e}_1, \mathbf{e}_2, \mathbf{e}_3)$ は、歳差章動系と称することにし、後の第 6 章で自転軸 $\mathbf{e}_3$ の運動を論じる準拠系として使います。これらの間の変換は、付録 III を参照して下さい。

第5章　ジャイロスコープ効果と外積

5.1　ジャイロ効果のココロ

　私たちの最終目的、つまり、「公転方向と反対向きに自転するジャイロスコープは自転軸を逆転することを理論的に示す」に向かうにあたり、まず第4章で準備したベクトルや外積などの考え方に基づいてジャイロスコープ効果を論じることから始めましょう。

　ここで、改めてジャイロスコープを取り上げますが、3章で論じたコマも、車輪も、さらにはジャイロスコープも、自転させることを主眼に作られていますので、ジャイロスコープ効果が働く点で違いがありません。そこで、どの装置の自転体についても今後は（話が混乱しない限りで）「ジャイロ」の略称を多用します。また、ジャイロスコープ効果も、これまで時々登場した「ジャイロ効果」でいきましょう。ここでは、3.2節の車輪の実験の場合（図10）を例に話を進めていきます。構造が最も簡単で話を一番簡単に進められるからです。

　車輪の歳差実験の配置で、支点からジャイロに向う軸方向の、長さ1のベクトルをcとします。このcは、支点から見たジャイロの回転（自転）の向きを表すという役目を担う単位ベクトルです。ここでいう「回転（自転）の向き」は、右ねじ方式のねじを右回しにした場合、ねじが進む方向をプラスとし、逆の方向をマイナスと符号を付け、その2つの方向にだけ定義されるものです。ねじをジャイロに置き換えれば、ジャイロの回転方向が得られます。

　いまここで取り上げている車輪の歳差実験では、車軸の支点に視線を定め、そこから見た車輪の回転が右回りならc、逆回りなら$-c$であるとします。

　cは、回転の向きだけを与えるベクトルですが、ベクトルには一般に、向きだけでなく大きさが伴います。回転のベクトルも同様です。問題は、その「大きさ」を与える実体、つまり回転に関する物理量は何か？　です。自転に関係

第5章 ジャイロスコープ効果と外積

するベクトル量の一種の「角運動量」がそれに当たります。

　角運動量とは、物体が、静止状態なら静止状態、動いているものなら等速直線運動を持続しようとする自然の傾向として知られる「(線)運動量」の回転体版ともいえるものです。回転軸まわりの質量の分布を反映した、回転体の「回転させにくさ」の目安となります。具体的には「慣性モーメント（I）」という量（付録 IV）と、回転の「角速度（ω：単位時間あたりの回転角）」との積で与えられます。

　ふつう、角運動量は「$\mathbf{L}$」で表され、その大きさは「L」と書かれます。すると、角運動量ベクトル$\mathbf{L}$と向きの単位ベクトル$\mathbf{c}$との関係は、

$$\mathbf{L} = L\mathbf{c}$$

となります。Lは、上で述べた定義「慣性モーメント（I）と角速度（ω）の積」から、

$$L = I\omega$$

で表せます。

　これから進めようとしている歳差の議論では、角運動量ベクトルとならんで、「ジャイロに作用する力」（$\mathbf{F}$：大きさF）と、支点（O）からジャイロの重心に至る距離（$\mathbf{r}$：大きさr）と$\mathbf{F}$との外積で与えられる「力のモーメント」とか「トルク」と呼ばれる量

$$\mathbf{N} = \mathbf{r} \times \mathbf{F}$$

（$\mathbf{N}$：大きさN）とが主な役割を果たすことになります。

　この式によって、$\mathbf{F}$と$\mathbf{N}$との、向きも含めた"入・出力"関係が明らかになります。

「力のモーメント」と「トルク」　以前は、「力のモーメント」という言い方が多くなされていました。しかしいまでは、「トルク」が認知され、定着しているよう

です。同じ働きをします。100 年前なら「職人のスラング（俗語）」だとしかられたかもしれません（文献 5）参照）が、用語は時とともに変化するようです。

　本書の実際の議論では、回転体の「I」つまり慣性モーメントの値の違いが問題になります。具体的な回転体についての慣性モーメントについては、付録 IV に示します。

　いま、外力 **F** が下向き、つまり地球の中心向き（単位ベクトル −**k**）であるとき、**N** がどの方向をとるかを調べてみましょう。先に定義したとおり、

$$\mathbf{r} = r\mathbf{c}$$
$$\mathbf{F} = F(-\mathbf{k})$$

ですから、

$$\mathbf{N} = \mathbf{r} \times \mathbf{F}$$
$$= r\mathbf{c} \times F(-\mathbf{k})$$
$$= rF[\mathbf{c} \times (-\mathbf{k})]$$

となり、トルク **N** が向かう先は、最後の行の "[　　]" の中、つまり **c** と −**k** の外積で決まります。重心か支点に平行移動して考えると、**c** の矢先から −**k** の矢先に右ねじ方式に進む、上から見て、時計と反対回り（反時計回り）の方向をとることが判明したわけです。

　では、同じ状況（支点から見てジャイロは右回りで、ジャイロに下向きの外力 **F** がかかる）で、車輪がどのような反応（出力）を返してくるでしょう？　実験によれば 3.2 節で見た通り（図 10）、ジャイロは支点のまわりを反時計回りに回り始めることが観察されます。これを先に、「ジャイロ効果」とよびました。つまり、ジャイロ効果は

$$\mathbf{c} \times (-\mathbf{k})$$

の向きに働きます。これは、上記のトルク（**N**）の式の変形の最終行の[　　]

の内容と同じです。つまり、トルクとジャイロ効果とはともに、同じ向き、つまり上から見た場合反時計回りで回ることになります。外積は、ベクトルを同じ基準点に平行移動して考えます。

では、車輪の自転が逆回転だったとしたらどうでしょう？　支点から車輪の方に視線を向けると、車輪は逆向きの回転をしていますから、この方向は$-\mathbf{c}$です。また車輪にかかる力は同じ下向きですから、向きは$-\mathbf{k}$です。したがって$\mathbf{N}$のとる方向は、

$$(-\mathbf{c}) \times (-\mathbf{k}) = \mathbf{c} \times \mathbf{k}$$

で、これは右ねじ方式で、装置を上から見たとき時計回りの方向にあたり、車輪の実際の動きと一致しています。左辺でみても右辺でみても、動く方向は同じ時計回りです。

さて、ジャイロ効果は、自転する物体には不可避の性質です。以上のことから、3.2節で紹介した「車輪の歳差」の実験のように、重力などで鉛直下向きの強制的方向変化を受けて水平方向に動き出す場合にせよ、1.3節で紹介した「バルーンレース上のジャイロスコープ」の実験のように、公転などで水平方向の強制的方向変化を受けて垂直方向に動き出す場合にせよ、自転軸は、強制的に方向変化を受けると、その方向とは直交する方向に動き出すことがはっきりしました。この運動が「歳差」です。

そして、これこそ著者が本書を書くきっかけとなったのですが、前者の「重力による歳差」は、一般的によく知られ力学の教科書ではごく普通に扱われているのに対し、後者の「公転による歳差」は、そうした教科書の説くメカニズムでは説明できない現象なのです。

この種の問題は、れっきとした古典力学の問題で、本来ならとっくに解決をみていていいはずです。にもかかわらず、教科書的スキームでは解決できないまま、今日まで積み残しになってきたのです。なぜでしょうか？　それは、第1章で見た通り、100年ほど前にペリーや、クラブトリーらの先人が残した「(自転する物体をなんらかの中心の周りに) 円運動させても、自転軸は空間に対して一定の方向を向いたままである」という記述がそのまま (おそらく、何の実験的検証も経ないまま) 定説ないし"伝説"になってきたからにほかなりません。

そこで、前者と後者のそれぞれの現象は物理的原因が異なるという事実を鮮明にするため、用語の上でも「重力ジャイロスコープ効果」と「公転ジャイロスコープ効果」とはっきり区別することにします（3.3 節参照）。物理的原因に関して、重力によるものか、公転によるものかの違いを区別したいからです。とはいえ、働いている仕組みは同じです。つまり、回転体は、強制的に方向変化を受けると、その自転軸は、強制力に直交する方向（ベクトルの外積で表されるトルクの方向）に動くということです。

ベクトルの外積は、現象の物理の表現手段

私たちは、物理学の書物をひもとくとき、数学的記述にきりきり舞いしながら、それを理解する方にばかり気を取られるために、ともすればそうした数学的取り扱いを物理学そのものと勘違いしがちです。しかし、そうではありません。

多くの場合、数学的記述は、自然の物理（つまり本質や原理）から結果する現象を簡潔に表現するために採用されている「手段」にすぎないのです。本書で中心的役割を果たしている「ベクトルの外積」もその例外ではありません。つまり回転体におけるベクトルの外積は、回転体の自転の向き、外力の向き、その外力に対する回転体の応答の方向という 3 つの力学的要素の間の関係を、簡潔に表現してくれるものに過ぎないのです。

そこで私たちにとって重要なのは「数式の背後にある物理は何か？」、それを読み取る（あるいは読み解く）こと。それが物理学なのです。

5.2　ジャイロ効果の外積表現

さて、ようやくジャイロ効果を外積で表現する準備が整いました。前節の結果を整理し、ジャイロ効果を簡単に数式化できるよう、一歩進めます。

（1）自転の向きが、支点から見て右ねじのとき

　　角運動量：$\mathbf{L} = L\mathbf{c}$、
　　重力：$\mathbf{F} = -F\mathbf{k}$ で、下向き $-\mathbf{k}$

第5章 ジャイロスコープ効果と外積

で、このとき、ジャイロ効果の方向はトルクの向きと同じで、次式で与えられました。

$$\mathbf{N} = \mathbf{r} \times \mathbf{F} = rF[\mathbf{c} \times (-\mathbf{k})] \propto \mathbf{c} \times (-\mathbf{k})$$

(「$\propto$」は比例を表す記号で、rF を省略したいとき、「=」の代わりの役目をします)。

図 19 において、$\mathbf{c} \times (-\mathbf{k})$ ですから、$\mathbf{c}$ の矢先から $-\mathbf{k}$ の矢先に右ねじ方式で進行する、つまり、上から見ると反時計回りで、円の接線方向を表す長さ 1 のベクトルを $\mathbf{b}$ とすると

$$\mathbf{c} \times (-\mathbf{k}) = \mathbf{b}$$

と書くことができます。これは、すでに述べたトルクの向きと同じで、

$$\text{トルク}: \mathbf{N} = \mathbf{r} \times \mathbf{F} = r\mathbf{c} \times F(-\mathbf{k}) = rF\mathbf{c} \times (-\mathbf{k}) = rF\mathbf{b}$$

から、$\mathbf{b}$ の方向となります。したがって、ジャイロの自転軸の先端が向かうのは、トルクの方向だというのが前節の結果でした(図 19)。

図 19 ジャイロ効果の向き；歳差の方向はトルクの向きと同じ；自転 $\mathbf{c}$ が、重力 $-\mathbf{k}$ により、$\mathbf{c} \times (-\mathbf{k}) = \mathbf{b}$ の方向に動き、円を描く歳差運動をする；軸 $\mathbf{r}$ と重力 $\mathbf{F}$ の外積がトルク $\mathbf{N}$ を表し、$\mathbf{r} \times \mathbf{F} = \mathbf{N}$ となり歳差方向 $\mathbf{b}$ に一致する

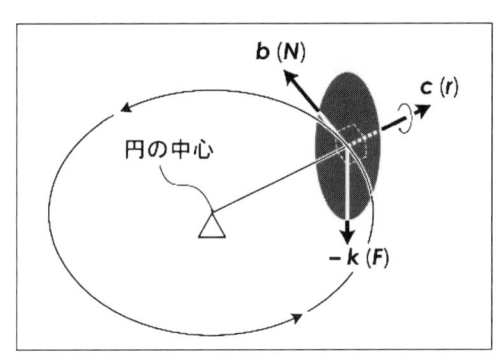

（2）自転の向きが、支点から見て逆向きのとき

　　角運動量：$\mathbf{L} = L(-\mathbf{c})$
　　重力：$\mathbf{F} = -F\mathbf{k}$ で、下向き $-\mathbf{k}$

で、このとき、ジャイロ効果の方向は、トルクの向きと同じで、

　　$\mathbf{N} = \mathbf{r} \times \mathbf{F} = rF[(-\mathbf{c}) \times (-\mathbf{k})] \propto (-\mathbf{c}) \times (-\mathbf{k}) = \mathbf{c} \times \mathbf{k}$

で与えられました。つまり、$\mathbf{c}$ の矢先から上向き $\mathbf{k}$ の矢先に右ねじ方式に進行させると、上から見て、時計回りの方向に動き出すということでした。この時計回りは、円の接線方向でいえば、$-\mathbf{b}$ の方向です。つまり、さっきとは逆向きの方向に動き出します。式で表すと、$\mathbf{c} \times \mathbf{k} = -\mathbf{b}$ と書けます。自転の方向と力の方向を表すベクトルが与えられると、その2本のベクトルの外積を使って、自転軸が動いていく方向が記述できるということです。

　自転が続く限り、この円運動はどこまでも続くことになります。このどこまでも続いている歳差運動の一瞬をとらえて、上の3本のベクトルの方向について考えてみます。

　運動中変わらないのは、重力の下向き $-\mathbf{k}$ です。自転軸の先端 $\mathbf{c}$ は、歳差という水平円運動をするので、方向が変化します。この先端が動いていく方向は、この円の接線方向 $\mathbf{b}$ で、これも動きます。しかし、変化しないものがもう1つあります。上から見て、反時計回りなら $\mathbf{c} \times (-\mathbf{k}) = \mathbf{b}$、時計回りなら $\mathbf{c} \times \mathbf{k} = -\mathbf{b}$ というベクトルの間に成り立つ関係式です。つまり、自転軸が水平方向のどこ（東西南北）を向いていても、常に、この関係式は成り立っているということです。この外積で表された数式関係は、運動中は、どこでも常に成り立っているということです。この関係式が、一瞬一瞬成り立っていて、そのつながりが連続するジャイロ効果 ——歳差運動—— を表しています。

　ジャイロが $\mathbf{c}$ 方向の自転を続ける限り、ジャイロの先端はトルクの方向 $\mathbf{b}$ に向かって動き続けることになります。すなわち、水平な円を描いて、円の接線 $\mathbf{b}$ を描いて回り続けるということになります。これが、歳差運動とよばれる現象で、実際には、重量で少し支点よりは下向きとなりますが、自転の角速度に比

べて、はるかにゆっくりとした円運動です。

この円運動の方向を求めます。図 20 を見てください。ベクトルは平行移動しても同じ扱いをすることは、先に述べました。時刻 t_1 のとき、$\mathbf{b}_1$ を指していたベクトルが、時刻 t_2 のとき、$\mathbf{b}_2$ に来たとします。この 2 つのベクトルを円の中心 O に平行移動しますと、結局、$\mathbf{b}_1$ の矢先から $\mathbf{b}_2$ の矢先に向けて回っていることになります。つまり、

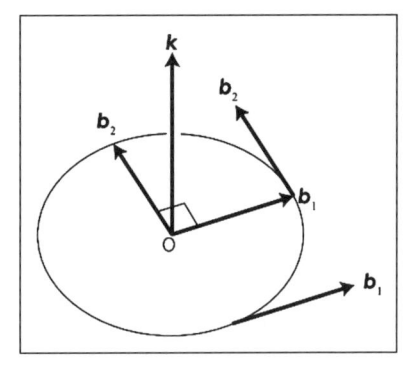

図 20 歳差円運動 $\mathbf{b}$ を右ねじに連続的に回すと、垂直上向き $\mathbf{k}$ 方向になる；$\mathbf{b}_1 \times \mathbf{b}_2 = \mathbf{k}$

$$\mathbf{b}_1 \times \mathbf{b}_2 = \mathbf{k}$$

です。したがって、歳差の円運動の方向は右ねじ 1 本で表すと $\mathbf{k}$ になり、4.5 節から、

$$歳差：\dot{\boldsymbol{\phi}} = \dot{\phi}\mathbf{k} \quad (自転軸は水平円運動をする)$$

と書けます。外積では、

$$(歳差方向) \times (角運動量方向) = (トルク方向)$$

となり、方向のみを外積で表せば、ジャイロ効果の方向関係を

$$\mathbf{k} \times \mathbf{c} = \mathbf{b}$$

と書くことができます。つまり、自転の向き $\mathbf{c}$（角運動量の向きと同じ）とトルクの向き $\mathbf{b}$ がわかれば、歳差の円運動の向き $\mathbf{k}$ が決まるということです。$\mathbf{k}, \mathbf{c}, \mathbf{b}$ はいずれも右ねじに進む回転軸方向を表しています（1 つにつき 2 つ分のベクトルの外積が対応するので、全部で 6 つ分の情報を内包することになりま

す。混乱しやすいので要注意です）。

　方向関係だけを知るには、4.3 節の玉突き移動やサイクリック移動を利用します。そこで、上式を右から一突きすると、**c**×**b**＝**k** となりますが、その 3 つの要素の順序を基に、英語圏では、

SToP：　S*pin*×**To**r*que*＝*P*recession
　　　　　（スピン）×（トルク）＝（歳差）

という覚え方が案出されています。ストップ（stop）という言葉は、今の日本人なら普通に使いますし、中学校の英語でも stop は習います。その関係を簡単に説明しておきます。上の式の中の意味は、

　Spin：スピン、自転、角運動量（本書では、同じ意味に使っても混乱はないでしょう）
　Torque：トルク
　Precession：歳差

というものです。したがって、上の式は、「（スピン；角運動量）は、（トルク）によって、（歳差）する」と読むことができます。つまり、「ジャイロ効果」は、「ストップ；stop」と記憶できます。物理的な次元のない単位ベクトルに対しては、順序は 4.3 節の玉突き移動ができます。

　運動方程式の基本形に合わせて、右辺＝トルクの形、例えば角運動量 **L** の時間変化をトルク **N** が引き起こすという $d\mathbf{L}/dt = \mathbf{N}$ の形（付録 IV）になるように、上の関係を左から一突きして、

PSTo：　*P*recession×S*pin*＝**To**r*que*

にすればよく、これに物理量の単位を付ければ、次節で論じる現実のジャイロ効果を導き出すことができます。

5.3　重力ジャイロ効果

　ジャイロ効果の方向関係に、前述の物理量の単位を付けて書き表すと、

第5章　ジャイロスコープ効果と外積

$$\text{重力ジャイロ効果}：\dot{\phi} \times \mathbf{L} = \mathbf{N} \tag{5.1}$$

$$（歳差）\times（角運動量）=（トルク）$$

　が得られ、これが、ジャイロ効果を表す外積の一般式です。この場合、玉突き移動はできません。単位が乱れるからです。そのため、ジャイロ効果を表す外積は一義的に(5.1)式の形に限られます。力学の教科書に出てくるジャイロ効果とは、もっぱらこの種の効果を指します。歳差の原因が重力によるので、ここでは、重力ジャイロ効果と呼ぶことは先にも述べた通りです。

　また、この関係は付録 IV で運動方程式からも得られます。（一般に、ベクトル $\mathbf{L}$ が、$\dot{\phi}$ の回転変化をするとき、その変化は $d\mathbf{L}/dt = \dot{\phi} \times \mathbf{L}$ で表され、一方、運動方程式から、角運動量 $\mathbf{L}$ の時間変化はトルク $\mathbf{N}$ による、$d\mathbf{L}/dt = \mathbf{N}$ から得られます）。また、この $\dot{\phi}$ は、詳細な力学理論によれば、時間平均を表しており、実際には、この平均値回りに細かな振動をします[21]。しかし、本書では、その詳細に立ち入らず、平均量を扱い、運動の主要部分を議論の対象とします。

　ジャイロ効果の結果として現れる歳差で、ジャイロは水平面内を時々刻々円を描いて動きますが、その一瞬を表す数式 —— 外積 —— は、不変です。この歳差円運動は、通常はゆったりと経過しますが、強く押すなどして急変させると、急激な動きで応答してきます。

自然探究の形式と本質

　ここで、1965 年にノーベル物理学賞を受賞した米国の物理学者 R. ファインマンの言葉[23]を紹介します。「車輪が下に落ちないで回りだすといったたぐいの、この現象は、奇跡的で、本当に理解することは大変である。誰も本当には理解できないような結果が、数学的には導き出されることがある」。その 1 つが、式(5.1)だというのです。現象の本質はよくわからなくても、数式表現だけはできるとの立場から、ジャイロ効果を、式(5.1)の形で用いることができます。つまり、自転体に、トルクが作用すると、どう動き出すかは、式(5.1)を見れば、理解できるということです。

　思えば、ニュートンの万有引力（逆 2 乗則）の発見も、観測データ（ケプラーの第 3 法則）に合うように、数式を見つけたといえます。今日、高校物理で習う内容で、その導き方を、等速円運動を説明する付録 V6.5−2 の中で、ついでながら紹介してお

きます。その後、この逆2乗則を用いることによって、天王星のふらつきから海王星の存在を予言だけでなく発見することさえできたし、人工衛星を飛ばすことも地上に帰還させることもできます。太陽系や銀河系の成り立ちの研究にも、この数式は欠かせないほど重要です。物事を究明する姿勢として、「どのように」説明するかを追究する立場が、自然探究には進展が見られるようです。

　本書もこの方式でいきます。回転体に力が作用すると、回転軸はその力に直交する方向に動き出す、その動きは式(5.1)の外積で表現できるということにして、話を進めます。力学方程式を解く問題は付録の方に回します。

5.4　公転ジャイロ効果

　ジャイロスコープを公転させるとき、自転軸の向きが、公転の向きとは反対の、逆立ちの状態からスタートさせます。その後、自転軸が徐々に逆転しながら、最後に公転軸にそろっていく運動を解析するのに、ベクトルを利用します。今後、公転の方向を上向き$\mathbf{k}$にとることにします。つまり、公転は、水平な円軌道であり、それに垂直な軸が$\mathbf{k}$です。自転軸を下向き$-\mathbf{k}$からスタートさせると最終的に上向き$\mathbf{k}$に、角度でいえば、自転軸は180°から90°を経由して0°に落ち着きます。

　第1章で述べたように、この実験結果は、これまでに知られてこなかった現象なので、それを説明する物理も全く新しいものが必要です。とはいえ、内容的には、重力ジャイロ効果と異なるところはありません。この際、力の方向が垂直下向きから水平横向きに変わり、ベクトルの方向が90°変わるものの、外積の関係式

$$（歳差）\times（角運動量）=（トルク）$$

はそのままです。これをオイラー角の説明図[図18]のベクトルを使って数式で表現しておきます。

　角運動量$\mathbf{L}$、トルク$\mathbf{N}$は、重力ジャイロ効果の場合と同じ文字ですが、方向は変わります。歳差は、角度θの変化が垂直方向に180°、90°、0°と変化します。この角速度$\dot{\theta}$での$\mathbf{e}_2$（または$\mathbf{e}_2'$）まわりの回転では、$\mathbf{e}_3$の矢先が$\mathbf{e}_1$の矢先

へ向うので、外積で $\mathbf{e}_3 \times \mathbf{e}_1 = \mathbf{e}_2 = \mathbf{e}'_2$ となり、$\mathbf{e}'_2$ の方向に等しいので $\dot{\boldsymbol{\theta}} = \dot{\theta}\mathbf{e}'_2$ と書けます。ただし、現実の運動方向は、θ の値が減っていく方向（つまり $\dot{\theta} < 0$）での回転となり、結局、$\mathbf{e}_1 \times \mathbf{e}_3 = -\mathbf{e}_2 = -\mathbf{e}'_2$ となります。ベクトル表現そのものに、既に方向が含まれているということです。このとき、ジャイロスコープ効果を表すベクトル式は、

公転ジャイロ効果：$\dot{\boldsymbol{\theta}} \times \mathbf{L} = \mathbf{N}$ (5.2)

（歳差）×（角運動量）＝（トルク）

となります（付録 IV）。式(5.1)と全く同じ形式ですが、各ベクトルの方向は図 18 から、

$$\dot{\boldsymbol{\theta}} = \dot{\theta}\mathbf{e}'_2 \qquad \mathbf{L} = L\mathbf{e}_3 \qquad \mathbf{N} = N\mathbf{e}_1$$

と、(5.1)式とは違っています。式(5.2)が、公転ジャイロ効果を表す数式表現です。重力ジャイロ効果も公転ジャイロ効果も、外積を使えば、全く同じ形式で書けますが、運動方向が90°変わったため、自転軸のみかけの運動は異なり、重力ジャイロ効果は360°グルグル同じ方向の水平円を描き続け、公転ジャイロ効果は下向きから上向きに180°の半円を描いたところで、（トルクの効果が 0 になるので）そこで落ち着くことになります。

ここで、ここまでの議論を整理し、今後の問題解決の方針を立てます。本書はもっぱら公転ジャイロ効果に問題を絞っているので、次の3つの問題を解くことになります。
　第1問　公転するジャイロの自転軸の運動（秒や分のオーダー）（第 I 峰）、
　第2問　人工衛星の自転軸の運動（日のオーダー）（第 II 峰）、
　第3問　地球自転軸の運動（億年のオーダー）（第 III 峰寺石山）
の3つです。解くべき式は、第1問は(5.2)。第2問，第3問には、それに(5.1)がプラスされます。

具体的方針は、$\mathbf{L}, \mathbf{N}$ が与えられているとき、$\dot{\boldsymbol{\theta}}$ を積分して θ の時間依存性 $\theta(t)$ を求め、実験と比較し正解かどうかを調べることです。

第1問は、実験で証明できました。第2問は、解くことはできましたが、実験的証明を行うことが今後の課題として残されています。これが正解であるとして、第3問では、地軸傾斜の億年にわたる時間変化がどうなるかを求めなければなりません。角運動量 L については、5.1 節と付録 IV にあります。トルク N については、これを求めること自体が最大の課題となり、それぞれの節において取り組むことになります。

本題にとりかかる前に、ジャイロ効果の練習問題として、米軍が開発した次世代の主力輸送機オスプレイの問題を定性的に調べてみます。オスプレイの両翼にあるプロペラ付き円筒体が、上方から前方へ、逆に、前方から上方へと回るとき、どう応答するか解析してみましょう。

5.5　オスプレイの泣き所 ——緊張の12秒——

2012年春、ちらほらロンドンオリンピックがニュースを彩る中、米軍オスプレイの日本配備も盛んに取り上げられていました。開発途上で事故が多発したとかで、テレビニュースに奇妙な形の飛行機の映像が頻繁に現れるようになりました。主翼の両端に立った回転翼を、いぶかし気な思いでぼんやり眺めていました。そのうち両端の回転翼が、上方から前方へ、前方から上方へと、動くことがわかりました。本書の原稿を書いている最中で、これこそジャイロ効果だと気付き、著者も次第に注目するようになりました。

という訳で、少し寄り道ですが、ジャイロ効果の観点からオスプレイに代表されるティルトローター機の動きを探ってみます。

もし、今後の話を追うのが面倒に感じたら、これまでの説明から次のことだけは、ご理解下さい。それは、機体を持ち上げ推進させる威力を持つ強力な回転翼が、上方から前方へあるいはその逆へと回す方向変化を受けることから、その回転の動きと直交する方向にジャイロ効果が発生するということです。問題は、その方向が、機体側に向かうか反対側に向かうか（進行方向の右か左か）です。ストレスがかかるのは、回転翼の付け根です。ここでは、両方の回転翼を合わせた同時的効果として、ジャイロ効果の観点から見ていきます。ジャイロ効果の応用問題です。

オスプレイ（V-22 航空機、写真 2）は、ヘリコプターと航空機の両方の機能

第5章 ジャイロスコープ効果と外積

を持つように、第二次大戦後から開発され、約半世紀かけて実用化されました。つまり、ヘリコプターモード（ヘリモード）で垂直方向に離着陸でき、長い滑走路を必要としないほか、固定翼モード（飛行モード）にすると、高速で長時間飛行できる輸送機です。その姿からオスプレイ（写真3）――鷹の一種みさご――と呼ばれています。2つのモードの切り換えを特徴にしつつ、同時にそれが泣き所のようです。

写真2 米軍輸送機 V-22 オスプレイ　　**写真3** 鷹の一種オスプレイ――みさご

主翼の両端に、複合型円筒体が付いて、その頭部に回転翼が付いた格好をしています。この回転翼は、正式には、「プロップ・ロータ」ですが、本書では、簡単に「プロペラ」とよびます。また、中にエンジンが内蔵され、プロペラを回転させる複合型円筒体（エンジン・ナセル）を「ナセル」と略称します。

すると、ヘリモードとは、ナセルが上向き垂直（プロペラは水平自転）で離着陸する場合、固定翼モードとは、ナセルが前向き水平（ペロペラは垂直自転）で水平飛行する場合と言えます。つまりオスプレイは、プロペラを高速自転させたまま、ナセルを上方垂直（での離陸）から前方水平（への飛行）に、逆に、前方水平から上方垂直に、ナセルの角度を90°変えることができる（斜めに固定もできる）ように作られた飛行機なのです。

実際には、重い機体を上昇、前進させる能力を持つナセルを、プロペラごと高速自転させたまま、わずか12秒で90°――上方垂直から前方水平へ、または、その逆に――方向転換できる設計になっています32)[Wikipedia]。高速自転体が、自転方向を変化させられれば、当然、ジャイロ効果が発生します。そのときに発生する歳差の基本原理は同じですが、3.1節、3.2節、3.3節で見た例

のような緩慢(かんまん)な動きではなく、急速な動きになると考えられます。そのジャイロ効果を定性的に理解しておきましょう。

　オスプレイは、相当複雑な構造ですが、ここでは、ジャイロ効果の観点から、必要な部分のみに注目します。ナセルを上方から前方へ回すことは、ナセルを前方へ押し倒す力を加えるのと同じと見なせるので、このときナセルには、その力に直交する方向にジャイロ効果が現れます。つまり、ナセルは、プロペラの回転方向に応じて機体の胴体側かその反対側かに向かいます。このナセルの動く向きを、ジャイロ効果の観点で調べます。

　説明が長くなるので、前もって結論を述べておきます。ナセルが上向きから前向きに回されるとき（ヘリモードから固定翼モードへ）は、機体後方から見て、ナセルは片仮名の「ハ」の字の形のジャイロ効果を受けます。逆に、左右のナセルが前向きから上向きに立たされるとき（固定翼モードからヘリモードへ）は、ナセルは上空から見て「\/」というハの字を逆立ちさせた形のジャイロ効果を受けます。しかし、このジャイロ効果による歳差の動きは、ナセルを回転させる主翼付け根の円部分でストップさせられます。結局その部分が、ナセルからストレスを受け、ナセルも付け根から反作用を受けます。このことを、順に確認していきましょう。

　オスプレイは、上空からみると、機体の右プロペラは反時計まわりに、左プロペラは時計回りに、互いに反対向きに回転しています（図21）。この両者は、プロペラが回転することへの反作用としてのカウンタートルクを、互いに打ち消すことになります。機体（に固定した座標系）に対する、左右のナセル（に固定した座標系）の動きと、そのとき発生するジャイロ効果（歳差）に焦点を当てます。

　上述のプロペラの回転の向きを、機体の内側（パイロット）から見ると、逆向きになります。身近にある丸いもの（皿など）を回して確認できます。つまり、右プロペラの、上空から見て反時計回りの回転は、内からは時計回りの回転にみえます。また、逆に、左プロペラは、上空から見て時計回りですが、内から見ると反時計回りで、右ねじ進行で自分に向かってくる方向になります。このパイロットから見た右プロペラの回転の向きは、ナセルが上方垂直向き（プロペラは水平回転）のときも、ナセルが前方水平向き（プロペラは垂直回転）

のときも、右ねじ方式でナセルのプロペラ方向へ進行する回転となります。左プロペラは、その逆で、右ねじが自分に向かう方向をとります。機体自体の動きによって発生する効果を調べるので、機体に即して考えます。

主翼の中心から右に主翼沿いの距離 R のところに、右ナセルの回転中心 O_R を取ります [図 21]。同様に、主翼の中心から、左に距離 R のところに、左ナセルの回転中心 O_L を取ります。次いで、O_R、O_L それぞれに原点を合わせ、（ナセルと共に動く）長さ 1 の直交座標系 $(\mathbf{a}, \mathbf{b}, \mathbf{c})$ をナセルに固定します。これは、4.2 節のピッチ、ロール、ヨーと同じ方向を持った座標系に相当します。4.2 節では、$\mathbf{a}$ は機体の右方向、$\mathbf{b}$ は機首の方向、$\mathbf{c}$ は垂直上向きの、単位ベクトルで、機体に固定していました。今回は左右のナセルに固定するため、機体とは相対的に動きます。$\mathbf{a}$ が機体の右翼方向であることは同じで、特に今回は、ナセルを回転させる軸の右方向（主翼の右方向）を指すように、さらに $\mathbf{c}$ を角運動量（自転）の方向にとります。つまり、プロペラの回転を右ねじに見立てたナセルの方向が $\mathbf{c}$ 軸となります。

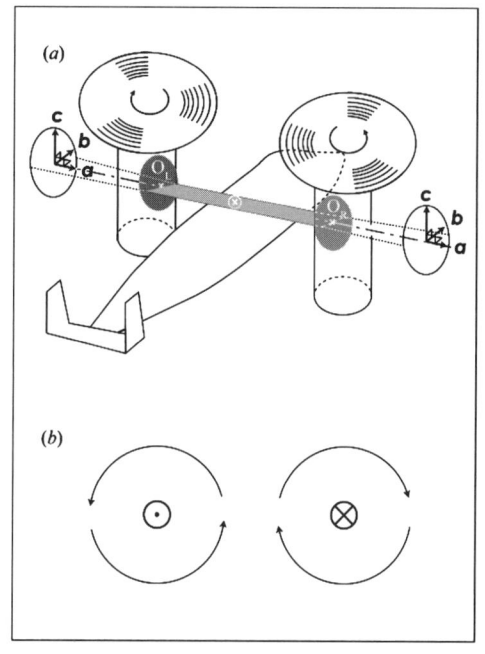

図 21 オスプレイのプロペラの回転の向き（上からと内からで逆）

(a) 上から見ると、右プロペラは反時計回り、左プロペラは時計回り

(b) 内から見ると、右プロペラは時計回り、左プロペラは反時計回り

したがって、最初ヘリモードで飛び立つとき、右プロペラは水平面を回転していますから、それを右ねじの進行方向とする $\mathbf{c}$ 軸は、垂直上向きで、ナセルと同じ向きになっています。固定翼モードでは、右プロペラは垂直面内を回転

しますから、それを右ねじの進行方向とする**c**軸は、水平前進（機首に平行）方向で、ナセルと同じ向きということになります。つまり、**a**は機体からみて不動の右方向を指し、**b**、**c**が**a**軸回りに回転することになります。O_R と O_L の部分に機体の右から見て、時計の文字盤を貼り付けたとし、ナセルの動きを短針の動きで考えるとわかりやすいでしょうか。

（1）ヘリモードから固定翼モードに切り換えるとき（図22）（12時から3時へ）——左右ナセルが、上方垂直向きから前方水平向きに方向変化させられるとき——

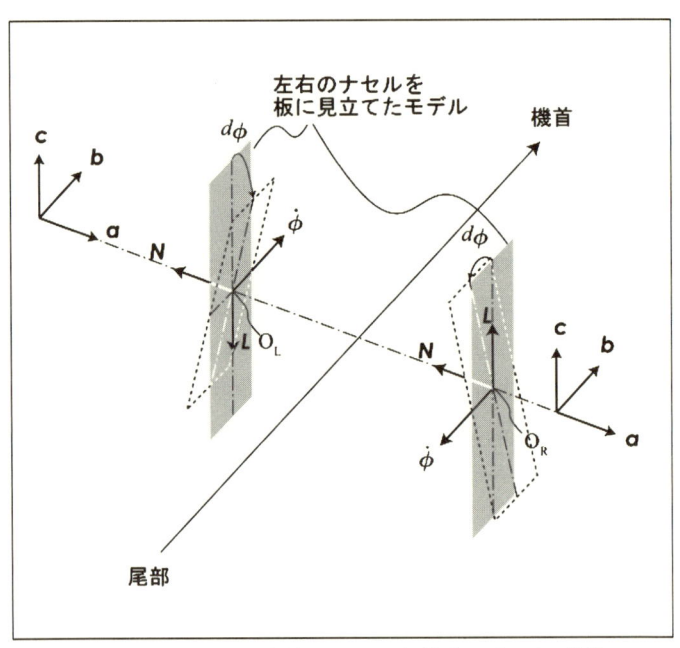

図22 ヘリモードから固定翼モードへの転換時のジャイロ効果
長方形がナセルを表しその頭部にあるプロペラは描かれていない
垂直上方の12時のスタート時を表しここから前方3時へ回る
両ナセルは頭部（プロペラ）を機体の内側へ合掌する形で回る
歳差はナセルの付け根で止められ12時から3時の箇所にストレスがかかると想定される

i) 右ナセルの受けるジャイロ効果（歳差）

角運動量は、$\mathbf{L} = L\mathbf{c}$（$\hat{\mathbf{L}} = \mathbf{c}$；$\hat{\mathbf{L}}$ は **L** 方向の単位ベクトル）で表され、この

向き**c**は、ナセルの向きで、プロペラの右ねじ方式での進行方向を指しています。トルク**N**の向きは、ナセルを回す向きです。ナセルを上から前に倒すとき、右ねじに進む方向です。自転の向き**c**の矢印を**b**の矢印に向けて（12時から3時へ）回すので、**c**×**b**＝−**a**の方向、つまり、O_Rにおいて、主翼の機体に向かいます。従って、**N**＝−*N***a**（$\hat{\mathbf{N}}=-\mathbf{a}$；$\hat{\mathbf{N}}$は**N**方向の単位ベクトル）となります。ジャイロ効果を表す式$\dot{\phi}\times\mathbf{L}=\mathbf{N}$から、$\dot{\phi}$の方向を求めます。

この式を、単位ベクトルで書き直し、それに、4.3節の玉突き移動をさせると、

$\hat{\dot{\phi}}\times\hat{\mathbf{L}}=\hat{\mathbf{N}}$ から、$\hat{\mathbf{L}}\times\hat{\mathbf{N}}=\hat{\dot{\phi}}$ となり、$\dot{\phi}$ の方向が得られます。つまり、$\hat{\mathbf{L}}\times\hat{\mathbf{N}}=\mathbf{c}\times(-\mathbf{a})=-\mathbf{b}$の方向となります。これらが、ジャイロ効果を満たしていることは、

$$\dot{\phi}\times\mathbf{L}=-\dot{\phi}\mathbf{b}\times L\mathbf{c}=-\dot{\phi}L\mathbf{a}=-N\mathbf{a}=\mathbf{N}$$

から確認できます。結局、

$$\dot{\phi}=-\dot{\phi}\mathbf{b}\quad(\dot{\phi}=N/L)$$

がジャイロ効果になります。

つまり、右ナセルの方向を、12秒間で上方から前方へ回すとき、右ナセルはO_Rを中心に、−**b**を右ねじに進む歳差を受けます。その意味は図22の$d\phi$の動きです。固定点O_Rにおいて、右ナセルの頭部は機体の内に向かい、尾部は機体の外に向う歳差となります。

ii) 左ナセルの受けるジャイロ効果（歳差）

次に、左ナセルの受ける歳差を調べます。座標原点は、主翼の中心から、左にRの距離のところにある、左ナセルの回転中心O_Lとします。この左ナセルに固定した（ナセルと共に動く）長さ1の直交座標系(**a**, **b**, **c**)を取り、向きは、右ナセルの場合と全く同じに取ります（時計の文字盤も右から貼り付ける）。ヘリモードで上昇したとき、左プロペラの回転の向きは、右プロペラと逆向きですから、機体からみると、左プロペラの自転の向きは−**c**となります。つまり、角

運動量は、$\mathbf{L}=-L\mathbf{c}$（$\hat{\mathbf{L}}=-\mathbf{c}$）で与えられます。

次に、トルク $\mathbf{N}$ ですが、右ナセルと同じ向きに上から前に回転させられるので、$\mathbf{c}$ の先端が、$\mathbf{b}$ の先端に（12 時から 3 時へ）向うことになります。つまり、$\mathbf{c}\times\mathbf{b}=-\mathbf{a}$ の方向がトルクの方向ということで、右ナセルの場合と全く同じです。つまり、左ナセルにかかるトルクは、$\mathbf{N}=-N\mathbf{a}$（$\hat{\mathbf{N}}=-\mathbf{a}$）で右ナセルと同じです。歳差の向きは、

$$\hat{\mathbf{L}}\times\hat{\mathbf{N}}=(-\mathbf{c})\times(-\mathbf{a})=\mathbf{c}\times\mathbf{a}=\mathbf{b}$$

から、$\mathbf{b}$ 方向になります。この方向がジャイロ効果を満たしていることは、

$$\dot{\boldsymbol{\phi}}\times\mathbf{L}=\dot{\phi}\mathbf{b}\times(-L\mathbf{c})=-\dot{\phi}L\mathbf{a}=-N\mathbf{a}=\mathbf{N}$$

と確認できます。結局、高速自転の左プロペラが、12 秒間で上方から前方へ変化すると、

$$\dot{\boldsymbol{\phi}}=\dot{\phi}\mathbf{b}\quad(\dot{\phi}=N/L)$$

の歳差の動きになります。図 22 の左プロペラの $d\phi$ の動きです。左ナセルを主翼に固定する点 O_L において、左ナセルの頭部（プロペラ側）は、機体の内に向かい、尾部は機体の外に向う歳差となります。

iii) 左右ナセル同時の歳差

左右のナセルが同時に、上から前へ自転の傾きを変化させられるとき、予想されるジャイロ効果は、次のようになります。ナセルが傾きを変える軸 O_R, O_L は、ナセルを支える支点でもあり、主翼の軸（シャフト）回りに回転する関係で、面積を持った円形と考えられます。左右のナセルは剛体とすると、プロペラのある頭部を機体の内側に、尾部の方を外側へ向けた、真後ろから見ると「ハの字」型 ── ハ ── の歳差になります。

ナセルは、第 3 章のように自由な動きができず、付け根で歳差は止められます。右から見て時計の 12 時から 3 時の方向へ回転しますので、その部分がスト

第5章　ジャイロスコープ効果と外積

レスを受けます。

（2）固定翼モードからヘリモードに切り換えるとき（図23）（3時から12時へ逆回り）──左右ナセルが、前方水平向きから、上方垂直向きに方向変化させられるとき──

　（1）と同様な議論になりますので、興味のある方は（図23）を参考に解いて下さい。答えは、前に述べた通りです。左右ナセル同時の歳差は、機体が水平前進中に、ナセルの方向を、前方から上方に切り換えることで発生します。このとき、上空からみて、ナセルは「逆さハの字」型 ── \/ ──、つまり、ナセルのO_R、O_Lより頭部を外側に、尾部を内側にするジャイロ効果となり、その歳差の動きは付け根で止められます。9時から6時の逆回りに、ナセルを回転させる主翼付け根にストレスがかかります。

　オスプレイは、モード転換で歳差の動きをストップさせる箇所にストレスがかかると想定され、その場所であるO_R、O_Lが「泣き所」と考えられます。

　ジャイロ効果のほかに、もう1つ見逃せない点に、プロペラの回転が方向変化することに伴う風圧の影響が考えられますが、それは本書のテーマを越える内容となります。

　いずれにせよ、このモード切り換え時は、緊張の12秒と言えるでしょう。

図23　固定翼モードからヘリモードへの転換時のジャイロ効果

　ナセル（長方形）は前方3時のスタート時を表しこここから12時へ回る

　両ナセルは、頭部（プロペラ）を機体の外側へ向けた形で立ち上がる

　歳差はナセルの付け根で止められ9時から6時の箇所にストレスがかかると想定される

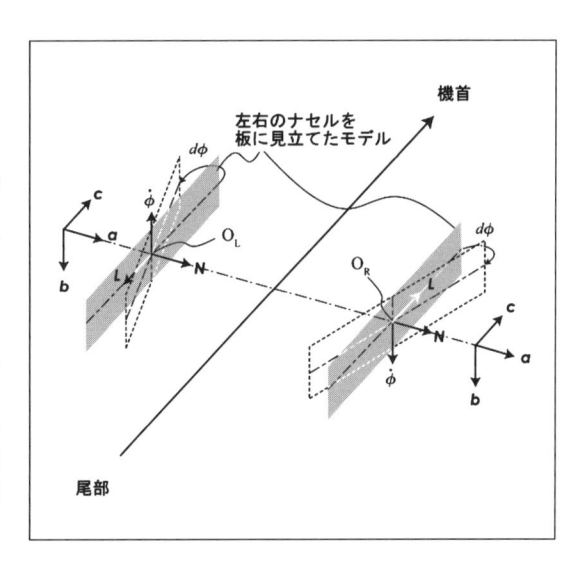

みさごの歴史的評判

　さて、オスプレイ——みさご（鶚；雎鳩）——は軍用機で、まさに急降下して海中の獲物（魚）に飛びかからんとする姿に、闘争的イメージ（写真 3）を受けます。このみさごの評判は、日本ではいかがだったでしょうか。方丈記（13 世紀）には、「みさごは荒磯に居る。すなわち、人をおそるゝがゆえなり。われまたかくのごとし。」とあり、隠遁生活者になぞらえています。また、万葉集（8 世紀）にも、「みさご居る　沖つ荒磯（ありそ）に寄する波……」と、なにやら、方丈記のネタらしき歌も見受けられます。

　また、中国では、さらに古く、三国志「孫策」33)には、「河の中州に鳴くみさごは、悠然と滑空しながら魚を探し、発見するや急降下して水中にもぐり、すばやく獲物をとらえる」と生態の具体的記述まであります。やがて、「赤壁（レッドクリフ）の戦い」に、呉を背負って立つ孫策と周瑜の邂逅の場面にも登場し、また、蘇賦の「赤壁の賦」の冒頭にも出てくる、「関関たる雎鳩（みさご）は　河の洲にあり……」は、中国最古の「詩経」（紀元前 11 世紀～8 世紀）が出典とのことです。実に、古い付き合いだったのですね。

　好戦的か厭世的か、あるいは、目先の一瞬の闘争をみるか、日常の穏やかな営みをみるか、大分イメージが変わってきます。みさごもとんだところで思い出されたようで、迷惑なことでしょうか。なに、口舌の波なぞ、荒磯の波ほどに及びましょうや、

　　　なみことごとく　くちづけし
　　　はたことごとく　わすれゆく

と、自然流の営みを望んでおります。

第6章　公転するジャイロスコープの逆転の力学

6.1　1公転＝1自転の関係：360°の強制方向変化

　ジャイロスコープを回転台の上に乗せるとき、置く位置によって、自転軸の運動に影響はないことを、まず確認しておきます。回転台の中心に置いても、縁に置いても、1公転につき水平360°の強制的な方向変化を受けることは同じです。この方向変化が自転軸をひっくり返す原因です。遊園地のバルーンレースに乗って公転させても、回転台の中心に置いて公転させても、外の空間に対して、1公転につき360°の方向変化を強いられる点で同じであり、従って結果も同じです。まず、このことを確認します。

　図24を見て下さい。スタート0において、大円板には2つの小円を貼り付けてあります。つまり1つは中心部に、もう1つは縁に、合計2つの小円を貼り付け、それぞれに矢印（ベクトル）を1本ずつ、同じ方向に描いておきます。大円板を1回転（1公転）させるとき、矢印の方向変化を調べます。

　まず、スタート0において、矢印の延長線の外の空間に何か固定された目印 K_0（たとえば、松の木）があ

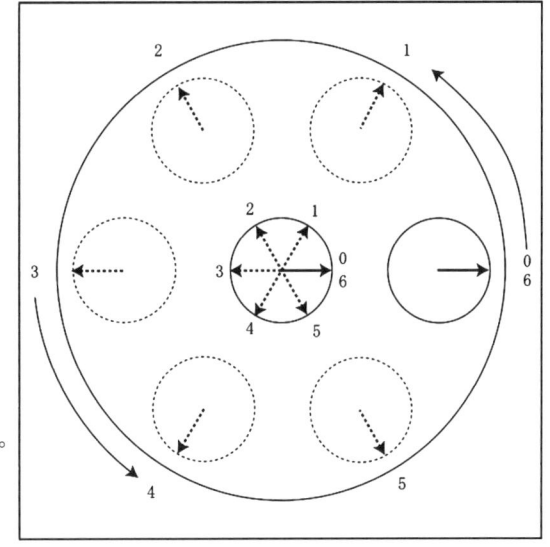

図24　大円板が1公転するとき、貼り付いた小円板の矢は1自転する

ったとします。次に 1 の位置に来たとき、中心円の矢印と縁の円の矢印は同じ方向を向いていますが、その延長線の外に K_1（たとえば、家）があったとします。同様にして、回転して 2, 3, 4, 5 の位置に来たときも、常に、中心円の矢印と縁の円の矢印は同じ方向です。それぞれ、その延長線上の外の空間に K_0、K_1 同様不動の目印 K_2, K_3, K_4, K_5 があったとします。

1 公転して、6 の位置（0 と同じ）に戻ったときを考えます。K_0, K_1, K_2, K_3, K_4, K_5 は外の空間にあって、その位置は動きません。しかし、中心円の矢印も縁の円の矢印も、外の空間に対して、360°回転していることになります。大きな円板に貼り付けられた 2 つの小円は、大円板が 1 公転するとき、必然的に外の空間に対して 1 自転することを強制させられます。つまり、水平360°の方向変化を強いられます。

要するに、ジャイロを 1 公転させると、ジャイロは 1 自転（360°）の強制的な方向変化を受けるということです。先取りして言えば、ジャイロが高速自転を保つとき、1 公転につき、360°の強制的方向変化を受けるため、それに抵抗するジャイロ効果が生じて、垂直方向への歳差が現れ、自転軸は公転軸方向に向かうことになるのです。

次に、公転に際し、円軌道（バルーンレース）の公転による遠心力は影響しない事情を見ておきます。乗り物が、円運動の中心から離れた所を公転するとき、遠心力は働きますが、乗り物を吊るす鉄腕（やワイヤー）の張力で相殺されます。円運動する乗り物に対し、乗せた物が相対的に静止している（倒れない）ということは、力は釣り合っているということです（物の重心は低く、乗り物の重心に近いとしてですが）。乗り物に乗っている人は、円運動における遠心力で、外に放り出されるような感じでじかに体感できます。しかし、外に飛んでいかないということは、釣り合う力が働いているということです。

ボールにヒモをつけてグルグル回しても飛んでいかないのは、遠心力と張力としての向心力（中心力）が釣り合っているからで、回している最中にヒモを切れば、向心力が働かないので飛んでいきます。飛んでいくのを防いでいるのが向心力です。

具体的な向心力の例は、バルーンレースでは鉄腕の張力で、回転台なら鉄板を構成する分子間の結合力です。ピザパイの職人さんは、手でクルクル回し、

遠心力を利用して生地を広げますが、このとき、生地が千切れて飛んでいかないのは、パイ生地を構成する分子間の結合力による向心力が、遠心力に釣り合っているからです。

ジャイロを公転させるときも、遠心力と釣り合う向心力が働いています。また、ジャイロはジンバルでバランスを取る構造になっているので、その影響はありません。したがって、ジャイロの運動の解析には、ジャイロを回転台の中心に置いた力学を考えればよいことになります。

話しのついでにつけ加えれば、惑星は太陽の周りをワイヤーなしでグルグル回っています。このとき、太陽が目に見えない向心力（万有引力）で引っ張っているからで、この力は断ち切ることはできません。遠心力（F）は質量（m）、半径（R）、角速度（Ω）で表され（$F = mR\Omega^2$）、ボールも惑星も式の形は同じです。違いは、惑星がケプラーの第3法則（観測データから得られた経験則）を満たしていることです。これから、向心力は半径の逆2乗に比例することが導かれます（付録 V6.5-2 参照）。

6.2 定性実験と経験法則

実験には、2つのジャイロスコープを使いました。1つは、高校の物理実験（High-School Physics）で使うものでここでは、頭文字をとって、HSPとよぶことにします。もう1つは、東京航空計器（株）（Tokyo Aircraft Instrument Co.）から拝借したもので、頭文字をとって、TAIとよぶことにします。いずれも自由度は3で、回転の摩擦を減らす工夫がこらされているのはもちろんです。違いは、ジンバルをつなぐ支点に、HSPではクギの先のように尖ったピボットが、TAIではベアリングが使われている点です。

ほかにも、中のコマがHSPよりもTAIの方が大きく、自転の止まりにくさの目安となる慣性モーメント（付録 IV）も後者が大きいという違いがあります。ちなみに、自転軸まわりの慣性モーメントは、前者が $C \sim 2.3 \text{ kg·cm}^2$、後者が $C \sim 85 \text{ kg·cm}^2$ 位です。それぞれの特性を生かして実験をしました。この節で述べる定性実験には、主にHSPを用い、6.6節で述べる定量実験には、TAIを使いました。それは、ジャイロスコープのジンバルに分度器を貼り付け角度 θ を測る必要があり、それが可能なのはTAIだけで、HSPでは無理だからです。

まず、自転＝0（自転のない状態）で公転させる場合を考えます。このときには、ジャイロは、回転台と一体化したかのように、つまり、回転台に相対的に静止しているように振る舞います。つまり、自転軸の傾きは、最初の傾きを保ったまま、変化はしません。

　1.3 節での実験をもう少し詳しく述べ、経験法則の形にまとめておきます。実験の舞台は「仙台八木山ベニーランド」（遊園地）の「バルーンレース」（写真1）です。単純円運動をする乗り物で、この運動を公転とみなします。その角速度は、1 分間に 8.5 回の公転に相当します。これを $\Omega = 8.5$ rpm（回転／分）と表します。料金 1 回分で、数分間円運動をしてくれます。

　バルーンレースが公転を始める前に、ジャイロを公転とは逆向きに自転させておくと、乗っている観測者には図 25（軌跡の概略図）のように自転軸が動いて行くように見えます。水平方向には乗り物の公転運動と逆向きに回転して見えます。これは、自転軸が外の慣性系空間に対し一定の水平方向を指し続けるのに対し、乗り手の観測者の方が公転していることによる相対運動の現れに過ぎません。フーコーがジャイロスコープを使って地球の自転運動を検出する実験と同じ現象です (1852 年 24))。

　一方 θ 方向には、自転軸は $\theta = 180°$ での逆行から、$\theta = 90°$ での横倒しを経て、$\theta = 0°$ での順行へ向かって逆転します。

　この逆転現象は、回転台の中心にジャイロを載せても見ることができます。この時、観測者は回転台の外にいるため、ϕ 方向のみかけの運動はなく一定方向のままですが、90° 付近でイレギュラーに変化する場合があります。支点の構造のせいです。また、ジャイロを手に持って、自分の体を軸に回転しても、自転軸は同じ回転軸方向にそろうことがわかります。

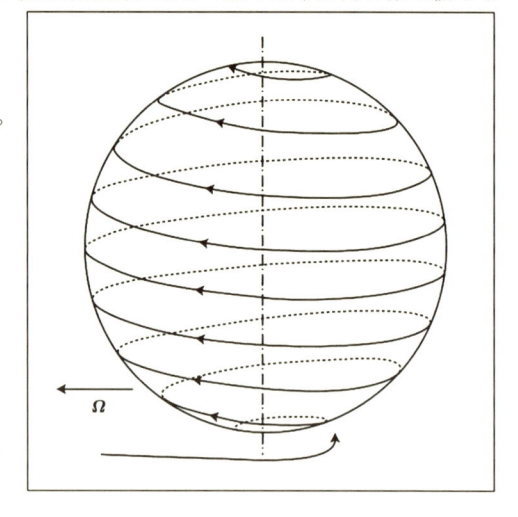

図 25 バルーンレースから見たジャイロ軸の軌跡の概略図

第 6 章　公転するジャイロスコープの逆転の力学

　これらの定性実験は次のように、整理できます。

（1）ジャイロ（自由度3）をバルーンレースなどの公転円運動する乗り物に持ち込む。このとき、ジャイロのコマを公転とは逆向きに自転させておくと、コマの自転軸はひっくり返って公転と同じ向きにそろう。
（2）ジャイロを机上に置いた回転台やレコードプレヤーの中心に載せて回転させても、（1）と同じように逆転現象は起こり、自転軸は回転台と同じ回転の向きにそろう。
（3）ジャイロを手に持って、自分の体を軸に回転させても、自転軸は同じ回転の向きにそろう。

　この3つの簡単な定性実験から、次の経験法則が成り立つといえます。「自転（角速度 ω）するコマを $\omega > \Omega$ の条件下で強制的に公転（角速度 Ω）させると、コマの自転軸が最初どこを向いていても、自転軸はやがて立ち上がり公転軸にそろう。特に、$\theta = 180°$ の逆行からスタートさせると $\theta = 0°$ の順行になる」。

　これらの現象は、100 年前の記述 11)「ジャイロスコープを円運動させても、自転軸は空間に対して常に同一方向を指し続ける」が、誤った見解であることを示しています。

　ここで、逆転現象が起こるには、次の2つの条件が必要であることを述べておきます。

(i) 自転＝0 の状態で公転させるとき、その対称軸（自転軸）は、公転する乗り物（または、回転台）にあたかも固定されたかのように一体的に回転する、即ち、傾き(θ)一定のまま1公転につき360°水平に回転をする（次節カコミ記事参照）。
(ii) 自転を与えて公転させるとき、自転角速度(ω)の公転角速度(Ω)に対する比 ω/Ω (>1) が小さいほど逆転現象は顕著となり、逆に $\omega \gg \Omega$（速すぎる自転）では、$\dot{\theta}$（逆転角速度）が遅すぎて過去の記述（変化なし）に近くなる。

　実験で逆転現象を観察するには、$\omega \cong 2\Omega \sim 300\Omega$ あたりが望ましい範囲とい

えます。一体、何が自転軸を逆転させるのか？　これがこの章の課題で、その原因は、ジャイロの重量を支える支点と台座との間の軸受け摩擦モーメントによると思われ（次節）、これを公転角速度Ωで書き直す作業が必要になります。実験においてジャイロを回転台上に置くとき、ジャイロの3つの軸 S_1S_2, S_3S_4, S_5S_6 のうち、一番外側の軸 S_5S_6 が垂直置き（図 26(a)）でも、水平置き図 26(b)）でも逆転は起こります。これに関して、TAIのように、支点 S_1〜S_6 がベアリングなどの接触面積がピボットより大きい場合は、水平置き配置では、大揺れ（大きなスウィング）して、自転軸の角度θを測ることはできません。

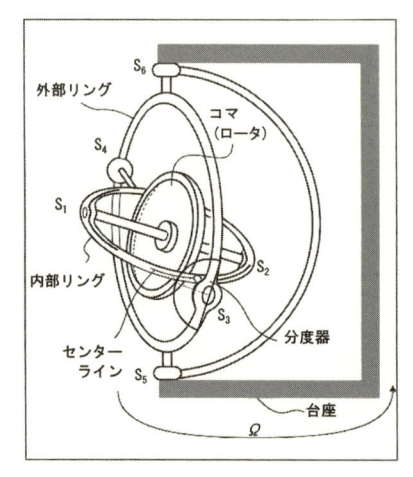

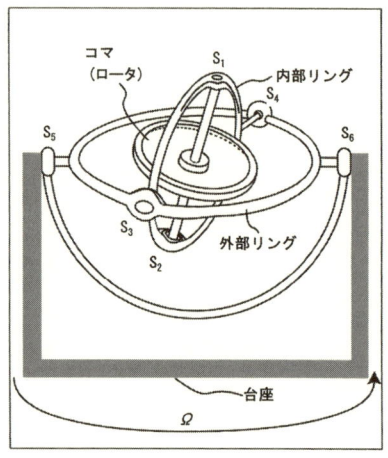

図 26　回転台にジャイロを乗せるときの姿勢
(a) 垂直置き（V）；S_5S_6 軸を垂直に置く　　(b) 水平置き（H）；S_5S_6 軸を水平に置く

6.3　軸受け摩擦モーメント

ここまでの経過を整理し、重要な問題点がどこにあるかを明確にした上で、それをどう乗り切るかを論じることにします。

まず、先に船や航空機のピッチング、ローリング、ヨーイングの現象に関連して見たように、自由度3のジャイロスコープは、船に台座を固定すれば、船がどのように揺れようとも最初に与えられた自転軸の方向を保ち続けるはずです。したがって、ジャイロの自転軸は外の空間の指標となり、それに対する船

第6章　公転するジャイロスコープの逆転の力学

の揺動から、船自体の外の空間に対する動きを知ることができることになります。これが今日まで続く常識でした。

ところが、自由度3のジャイロスコープを公転円運動させると、確かに水平には一定方向を指しても、垂直には公転軸にそろうように動くのです。実験者を選ばず結果は同じです。この実験が示す垂直方向の歳差運動は、これまでの常識を超えた現象です。

この原因は何か？　これが、問題解決に最後まで残った最大の難関でした。この節では、この問題の克服に著者が悪戦苦闘した過程を紹介します。何がどのようにジャイロの自転軸をひっくり返すのか？　そのメカニズムを古典力学の範囲で答えなければなりません。

問題解決のヒントは、これまでに学んだことのない、工学の分野にありました。

図26(a)を見て下さい。ジャイロスコープの構造は、3つの軸 S_1S_2, S_3S_4, S_5S_6 が互いに直交し、かつ、3つの軸のまわりに自由に回転できるようにできています。全体の重量 W は支点 S_5 で支えます。ジャイロを載せた回転台が公転するとき、自転していない状態では、S_5 は回転台に追随して回ります。図24の中心の小円に似た円運動です。

この S_5 回りは、自由に回転できる構造になっていても、自転がない場合は、回転台が回れば、この S_5 は回転台に固着したかのように、一緒に回ります。これは、ジャイロの重量 W を S_5 で受けとめ、この軸受けとの間に摩擦が働くためです。これは平面スラスト軸受けの摩擦とよばれます。重量を S_5 で均一に受け止めるとすると、平面スラスト軸受け摩擦による摩擦モーメントは、$(2/3)\mu rW$ で表されます、ここで、μ は静止摩擦係数、r は S_5 の半径、W はジャイロの重量です（詳細は文献 34 参照）。この摩擦により、ジャイロに自転がない場合、ジャイロは回転台と一体で回ります。

ところが、ジャイロを自転させると、回転台が回っても、この摩擦に打ち勝って自分の独立性を主張するかのように、S_5 は、一緒には回転せず、自転軸の水平面内方位を外の空間に対し一定に保つのです。これはペリーら過去の人々の認識に一致しています。つまり、自由度3のジャイロは、台座をどう動かしても最初に与えられた方向を外の空間に対して維持します。

しかし、現実の実験では、自転軸はその水平方向を維持しはしても、それに加えて垂直方向には動き出します。この現象は過去の常識に反するものです。この実験結果を説明するには、ジャイロに垂直方向のトルクが作用していると考えるほかありません。そこで、この垂直トルクを求め、実験と比較してみました。先の結果は、これで説明がつきました。

3.2節で見た重力ジャイロ効果を、90°方向を変えた場合に相当します。垂直下向きの重力に抵抗して水平に歳差運動していたのが、今度は、水平な公転力に抵抗して垂直方向に歳差運動すると解釈されます。水平歳差運動の場合には360°グルグルと回転を持続できますが、垂直歳差運動の場合には、下向きから180°回って上向き0°になったところで停止します。自転軸が上向きの0°になり、公転軸にそろった状態が、もっとも安定した方向になる。これが公転させたときの実験結果です。自転軸が上向き0°になったとき、公転効果が0になると見ることができます。

軸受け摩擦とジャイロスコープ

ジャイロスコープ図26(a)は、3つの直交する軸のまわりに自由に回転できる構造に作られています。回転運動を支える支点 S_1〜S_6 を軸受けといいます。この部分はピボットとかベアリングとか、できるだけ摩擦を減らす工夫がされます。この軸受けが円筒形のモデルとしますと、円筒の底面・上面が受ける摩擦をスラスト軸受け摩擦、側面が受ける摩擦をジャーナル軸受け摩擦といいます34)。

ジャイロに自転を与えずに、回転台やメリーゴーラウンドに載せる場合、実際には、乗っている人には静止して見えます。外の人には回転台やメリーゴーラウンドに一体化したかのように一緒に回って見えます。その理由は次の通りです。

回転台の角速度を Ω とします。ジャイロの重量が S_5 にかかり、そのスラスト軸受け摩擦モーメント $(2/3)\mu rW$ の働きで、ジャイロの S_5 の角速度も Ω となり、回転台と一緒に動くからです。摩擦を減らす工夫をしたとして、回転台の角速度 Ω より遅い角速度 Ω' に落とすことはできるかもしれません。その場合には、本書の議論は角速度を Ω から Ω' へ、摩擦を静止摩擦係数 μ から動摩擦係数 μ' に変えるだけで、あとの議論は同じになります。

摩擦を減らしたジャイロTAIは1点だけHSPと違った動きを見せました。それは、自転0で回転台に載せたとき、一番外の S_5S_6 軸は回転台と一緒に回ることは同じです

が、S_1S_2 軸まわりには、回転台と逆向きに自転を始めました。中のコマの角運動量はスタート時0ですから、角運動量の保存則が成り立つように逆回転を見せました。このジャイロ TAI がこれまで見た中で摩擦を一番減らす工夫がされていました。

摩擦が0の世界では、ジャイロは製作できないと考えられます。摩擦があるからこそジャイロは製作できます。

6.4 重力ジャイロ効果からの指導原理

公転ジャイロ効果に相当する式(5.2)から $\dot{\theta}$ を求めるためには、トルク N が必要です。N を求めるには、力 F が必要です。公転を表す力の方向について、考えてみます。3.3節のジャイロスコープを使っての歳差運動を思い出してください。

ジャイロスコープという器具については、第1章図1であらましを紹介しました。バランスが取れているので、最初にジャイロに与えた自転方向をいつまでも保ちます。つまり、外の空間に対し同一の方向を指し示し続けます。このままでは、決して、ジャイロ効果は起こりません。重力ジャイロ効果と同じ現象を起こすには、図26(a)の垂直置きで S_1 か S_2 を指で下向きに押します。これにより、S_5S_6 軸まわりに水平に歳差運動を始めます。

公転ジャイロ効果と同じ現象を起こすには、図26(a)の垂直置きで S_3 か S_4 を指で水平方向に押します。これにより、垂直方向の歳差運動が起こり始めます。つまり、回転台を使わずにジャイロ軸を垂直方向に動かすには、水平方向の力（水平面内の方位変化）が必要だということです23)。逆に、指で押すことなしに、回転台に載せるだけで、ひっくり返りが起こっているということは、回転台が、自転軸を水平方向に押し続けているということです。これは、回転台に固定した台座の回転運動が、支点 S_5 の接触水平円の接線方向に公転と一緒に押し続けることに相当します。結局、回転台がジャイロに与える力の方向は、台座を介して支点 S_5 の接触水平円の接線方向だということです。

このことを、重力ジャイロ効果において成り立つ、次の指導原理にまとめることができます。自転軸に作用する力について、

1．自転軸に作用する力の大きさは、自転している場合と自転していない場

合とでまったく同じである。
2．力の方向は、自転がない場合に自転軸が動いていく方向である。

3.2 節の車輪の歳差の実験に即していえば、車輪に働く重力の大きさは、車輪が自転していようがいまいが、同じということです。また、力の方向は自転がない場合の運動方向、すなわち、下向き $-\mathbf{k}$ ということです。しごく当たり前なことです。しかし、いったん自転が与えられると、落下せずに、自転軸の先端は、水平な円の接線方向に動き出します。

このことを公転ジャイロ効果の場合に当てはめると、次のように整理できます。

1．回転台の公転が作用する力の大きさは、6.3 節に登場した軸受け摩擦モーメント $(2/3)\mu rW$ に相当する。自転があってもなくても、この摩擦力が支点 S_5 にかかる。これによりジャイロは、自転がない場合回転台と一緒に公転する。ただ、自転軸逆転の速さを求めるのに、この摩擦モーメントを公転角速度 Ω で書き直し使う必要がある。
2．力の方向は自転がない場合の運動方向で、このときジャイロの自転軸は、回転台と一体的に円運動するため、自転軸の先端は、それが描く円の接線方向で自転軸を含む鉛直面に直交する。その方向は、ベクトルは平行移動しても同じであるため、4.5 節の図 18 の $\mathbf{e}'_2$ 方向と同一視でき、3.3 節で述べた、S_3 か S_4 を指で押す水平方向に一致する。

この 2 つを指導原理として、ジャイロの自転軸逆転の力学を解いていきます。

6.5　公転ジャイロの逆転の力学のあらまし

さて、ようやく公転ジャイロ効果攻略の準備が整いました。ジャイロが自転し、強制的に公転させられ、自転軸が公転軸にそろっていく現象を力学的に解明する問題に取り掛かれます。

一番外側の S_5S_6 軸を垂直にして、回転台の中心に載せた場合（垂直置き配置）について考えます（図 26(a)）。支点 S_5 はジャイロの重量を支えるだけでなく、

第6章 公転するジャイロスコープの逆転の力学

回転台が回るときに軸受け摩擦が働く所でもあります。ジャイロが自転していないと、これにより、ジャイロ軸は回転台と一緒に回ります。

しかし、自転していると、回転台は回っても、S_5 は回転台と同じ回り方はしません。回転台上のジャイロの自転軸は横には回らず、縦方向にのみ動く。それが Ω^2 のオーダーの大きさをもつ上向きトルクによる歳差として現れます。このことは付録Vで述べますが、円運動には、その性質上、加速度、力、トルクには必ず Ω^2(公転角速度の2乗則)が付いて回ります。結果的に、ジャイロの自転軸は水平方向には釣り合ったまま、垂直方向にのみ動き、垂直方向に歳差します。

さて、もう一度ペットボトルのふたを使います。4.1節では、外積を表す方便として直交する2本のベクトルを使いました。しかし、実際にふたを開けるには、どう力を入れるでしょうか。最も自然な力の入れ方は、図27の $\mathbf{F}_1, -\mathbf{F}_1$ となるはずです。つまり、ふたの直径の両端に反対向きに水平な力が加わります。この力のペアを「偶力」とよびます。この「水平偶力のモーメント」は、右ねじ方式の流儀で言えば、上向きでトルクと同じ方向です。垂直トルクが発生したとも言えます。直径の両端ならば力の作用点はどこでもよいので、ふたの縁に沿って回転移動できます。また、棒やペンチで挟んで回しても同じ効果が得られるので、平行移動もできることが分かります。

ここで振り返って、ジャイロの回転の力学を見てみます。図27は、S_5 にかかる1組の力「偶力」を表しています(図28と比較)。ここで $\mathbf{r}_1$ を、S_5 の中心Oからみた接点までの半径ベクトルとします。回転台が回るとき、S_5 の直径の両端 $\mathbf{r}_1, -\mathbf{r}_1$ において接線方向に互いに逆向き平行で大きさの等しい公転偶力 $\mathbf{F}_1, -\mathbf{F}_1$ が働きます。これは、ペットボトルのふたを実際に開けるとき、ふたの直径の両端に回す力を入れることに相当します。図28で回転台は台座を公転させ、その公転が S_5 を回す偶力を形成するという意味です。また、偶力には、作用している物体中を平行移動や回転移動をしても効果が保たれるという性質があります。つまり、この偶力の作用点を S_5 の回りに水平に任意の角度回しても、これによって得られる効果は向かう方向も大きさも同じです。

この「偶力のモーメント」つまり「トルク」は垂直上向きの

$$\mathbf{N} = \mathbf{r}_1 \times \mathbf{F}_1 + (-\mathbf{r}_1) \times (-\mathbf{F}_1) = 2\mathbf{r}_1 \times \mathbf{F}_1$$

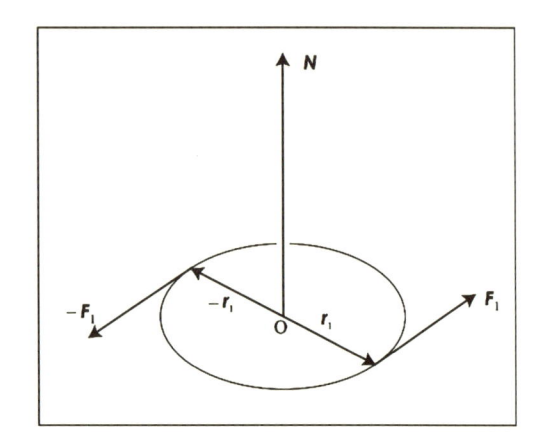

図 27 支点 S_5 に作用する偶力によるトルク
支点 S_5 の直径の両端 $\mathbf{r}_1, -\mathbf{r}_1$ に作用する偶力 $\mathbf{F}_1, -\mathbf{F}_1$ と、トルク $\mathbf{N} = 2\mathbf{r}_1 \times \mathbf{F}_1$

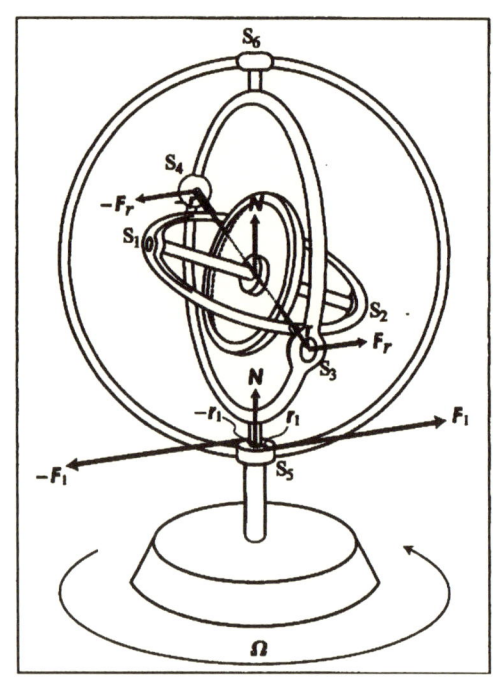

図 28 S_5 に作用する偶力 $\mathbf{F}_1, -\mathbf{F}_1$ は、ジンバル機構を通じて、S_3, S_4 に $\mathbf{F}_r, -\mathbf{F}_r$ と移動できる；どちらの偶力でもトルクは $\mathbf{N} = 2\mathbf{r}_1 \times \mathbf{F}_1 = 2\mathbf{r} \times \mathbf{F}_r$ と同じになる

となります。またこの偶力は、上で見た偶力の性質から、外のリングを通じて支点 S_3、S_4 に移動できます。そして、この偶力は $\mathbf{F}_r, -\mathbf{F}_r$ と表現でき、$S_3 S_4$ 軸の腕の長さを $2r$ とすると、トルクは $\mathbf{N} = 2\mathbf{r} \times \mathbf{F}_r$ と書くことができ、上の S_5

第6章　公転するジャイロスコープの逆転の力学

に働く偶力のモーメント（トルク）と同じ（つまり $2\mathbf{r}_1\times\mathbf{F}_1 = 2\mathbf{r}\times\mathbf{F}_r$）です（図28）。

　例えば、S_5 が尖ったクギ状で細く、半径が r_0 とすると、偶力が $\mathbf{F}_0, -\mathbf{F}_0$ で、偶力のモーメントは $\mathbf{N} = 2\mathbf{r}_0\times\mathbf{F}_0$ となります。さらに、別の適当な場所で、腕の長さが $2r_l$ の対である偶力を $\mathbf{F}_l, -\mathbf{F}_l$ としますと、この偶力によるトルクは $\mathbf{N} = 2\mathbf{r}_l\times\mathbf{F}_l$ となります。いずれの場合にも、トルクは、$\mathbf{N}$ というすべて同じベクトルになります。要するに、偶力は、その性質上、$2r_lF_1 = 2r_0F_0 = 2rF_r = 2r_lF_l$ さえ満たせば、回転台とともに公転するジャイロスコープという剛体中のあらゆる場所に平行移動・回転移動して考えてよいということです。この偶力が形成するトルクの作用で、ジャイロはひっくり返ることになります。

偶力とトルクの方向は直交関係にある

　昔は偶力のモーメントとか力のモーメントとか言われていた、偶力によって生じるトルクは、回転運動を引き起こす力そのものです。図9と図10には、重心にかかる下向きの重力 $\mathbf{F}$ と支点における上向きの抗力 $-\mathbf{F}$ とが描かれていますが、これら力のペアが偶力をなしています。角運動量 $\mathbf{L}$ は、この2つの矢印が右ねじを締めるように回すと同じ方向に運動を始めます。歳差運動です。9.2節に、地球の歳差運動の説明があります。

　ところで、図19には、支点での上向きの矢印が描かれていません。どちらの描画法でもトルクは同じで、$\mathbf{L}$ は同じ向きの円運動をします。このことを、図9を使って数量的に示しておきます。同図の OG（= r）はコマの着地点と重心を結ぶ線分ですが、この線分の中点を M とします。M からみたトルクと O からみたトルクを計算し、同じであることを確認しておきます。ここから、偶力とトルクが直交関係にあることも分かります。

M から見たトルク：$\mathbf{N} = \overrightarrow{MG}\times\mathbf{F} + \overrightarrow{MO}\times(-\mathbf{F}) = \dfrac{\mathbf{r}}{2}\times\mathbf{F} + \left(-\dfrac{\mathbf{r}}{2}\right)\times(-\mathbf{F}) = \mathbf{r}\times\mathbf{F}$

O から見たトルク：$\mathbf{N} = \overrightarrow{OG}\times\mathbf{F} + \overrightarrow{OO}\times(-\mathbf{F}) = \mathbf{r}\times\mathbf{F} + 0\times(-\mathbf{F}) = \mathbf{r}\times\mathbf{F}$

　公転ジャイロ効果の力学の詳細な数式的取り扱いは付録Vにゆずります。大切なのは、この効果の影響を理解することで、数式の展開の厳密さを誇示することではないからです。ここでは話をもう少し簡単にする意味で、5.4節で述べた次の公転ジャイロ効果を表す外積の基本式(5.2)

$$\dot{\boldsymbol{\theta}} \times \mathbf{L} = \mathbf{N}$$

に基づいて話を進めることにします。ここで、$\dot{\boldsymbol{\theta}}$ は自転軸の動き、$\mathbf{L}$ は角運動量、$\mathbf{N}$ はトルクを表しています。オイラー角の図（図18）から、

$$\dot{\boldsymbol{\theta}} = \dot{\theta}\mathbf{e}_2$$
$$\mathbf{L} = C\omega\mathbf{e}_3$$

と書くことができます。C は慣性モーメント、ω はジャイロの角速度を表します。いずれも一定で、運動している間、終始変わらないとします。$\mathbf{e}_3$ がジャイロの自転軸の方向を示し、その方向変化を解くのがここでの課題です。

残りはトルク $\mathbf{N}$ です。これを求めるのがやっかいで、詳細な式の誘導は付録 V にゆずることにして、ここでは結果のみを利用します。それは、次式（Ω^2 のオーダー）です。

$$\mathbf{N} = -(C-A)\Omega^2 \sin\theta \, \mathbf{e}_1$$

ここでは、これは、回転座標系に現れる見かけの遠心力項を利用する、その分野ではよく知られた手法と、6.4節の指導原理を適用して得られたものだということでがまんして下さい。

$\mathbf{e}_2 \times \mathbf{e}_3 = \mathbf{e}_1$ と上記 $\dot{\boldsymbol{\theta}}$ および $\mathbf{L}$ の式とから、

$$C\omega\dot{\theta}\mathbf{e}_1 = -(C-A)\Omega^2 \sin\theta \, \mathbf{e}_1$$
$$(\because \dot{\boldsymbol{\theta}} \times \mathbf{L} = \dot{\theta}\mathbf{e}_2 \times C\omega\mathbf{e}_3 = C\omega\dot{\theta}\mathbf{e}_2 \times \mathbf{e}_3 = C\omega\dot{\theta}\mathbf{e}_1)$$

両辺から $C\omega\mathbf{e}_1$ を除して、

$$\dot{\theta} = -\frac{C-A}{C}\frac{\Omega^2}{\omega}\sin\theta = -\beta\Omega\sin\theta \quad (\beta = \frac{C-A}{C}\frac{\Omega}{\omega}) \tag{6.1}$$

が得られます。また、トルクには $\mathbf{e}_2$ 成分はないので、$\phi = 一定$ を保障する

第 6 章　公転するジャイロスコープの逆転の力学

$$\dot{\boldsymbol{\phi}} = \dot{\phi}\mathbf{e}_2 = \mathbf{0} \quad （\mathbf{0}はゼロベクトル）$$

が成り立ちます。

これらの結果は、5.3 節でのジャイロ効果に関する基本式(5.2) $\dot{\boldsymbol{\theta}} \times \mathbf{L} = \mathbf{N}$ から導かれたもので、もちろん力学の基本方程式からも導くことができます。導出は込み入っているので、関心のある読者は付録 V を見て下さい。そこには、バルーンレースに乗った観測者が見る図 25 の説明もあります。

結果を整理すると、式(6.1)は、$\dot{\theta} < 0$（負）なので、θ は減っていきます。つまり、θ の最大値の $\theta = 180°$ をスタートさせると、$\theta = 0°$ へと向かうことを意味しています。また、$\dot{\phi} = 0$（$\phi = $ 一定）は、横には動かず同じ方向を指すことを意味し、現象を説明します。

変数変換 $u = \cos\theta$ を施して、式（6.1）を書き換え、その平均をとると

$$\dot{u} = \beta\Omega(1 - u^2) \tag{6.2}$$

$$\langle \dot{u} \rangle = \frac{1}{2}\int_{-1}^{1} \dot{u}\, du = \frac{2}{3}\beta\Omega \tag{6.3}$$

となります。また、式(6.2)を積分すると、双曲線関数の解

$$u = \tanh \beta\Omega t$$

が得られます。（ここで、$t = 0$ のとき $u = 0$、つまり $\theta = 90°$ となるよう積分定数を選んでいます）。この結果が実験と合うことを示すことにより、理論の正当性が主張できます。

双曲線関数の定義

双曲線関数 $u = \tanh T$ は、ネピア数 $e = 2.71828\cdots\cdots$ を用いて、

$$u = \tanh T = \frac{e^T - e^{-T}}{e^T + e^{-T}}$$

と定義され、グラフにすると図 29 で表されます。

図29 双曲線関数 $u = \tanh T$ のグラフ

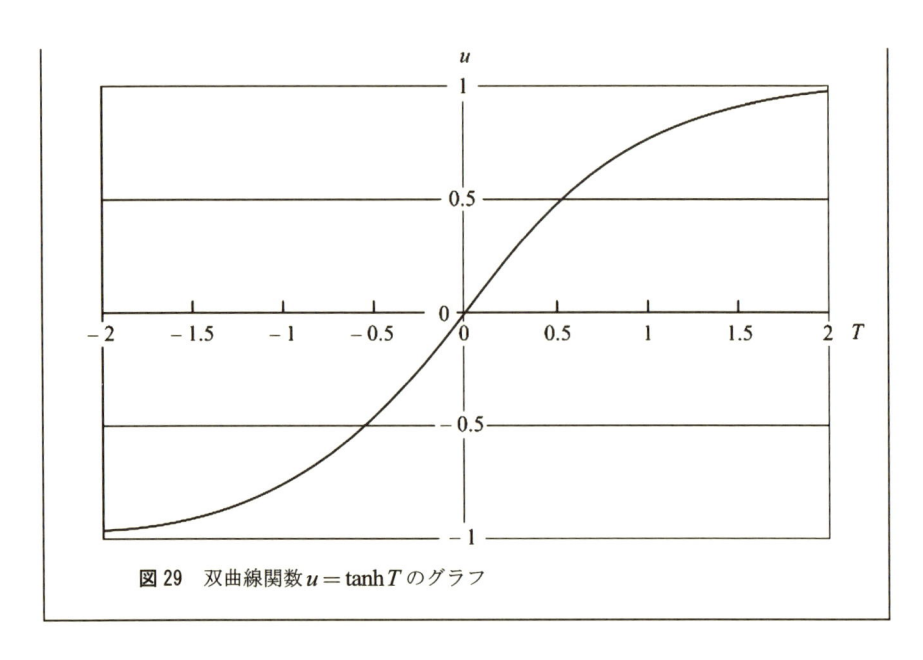

6.6　定量実験との比較　——ジャイロ逆転論の検証——

　ジャイロ逆転論は、これまで知られてない新しいトルク（公転トルクとよぶことにします）を導入しているので、実験による定量的検証が必要となります。HSP は、定性的なひっくり返りの実験はできますが、構造の点で定量的な実験には使えません。しかし、6.5 節のジャイロ逆転論の正否の判定には、定量関係 (t, θ) が必要となります。

　そこで、6.2 節で紹介した東京航空計器(株)製の慣性モーメントの大きい(HSP の約 37 倍)手動用ジャイロスコープ(TAI)を用いることにします。図 26(a)において、自転軸の傾斜角 θ は、内側のジンバルの円環に沿って描かれたセンターラインで示され、S_3 または S_4 に貼り付けた分度器を使って目測しました。時間は、10 秒毎に電話時報で聞き取りました。

　一番外側の $S_5 S_6$ 軸を垂直置きにするのと水平置きにするのとでは（図 26(a)、図 26(b)）、逆転の様相はまるで違います。自転軸の $\theta = 180°$ 発→$\theta = 90°$ 経由→$\theta = 0°$ 着の振る舞いは、垂直置きでは急→緩→急ですが、水平置きでは、緩→大揺れ（HSP でイレギュラー）→緩となります。HSP と TAI のこの違いは、ジ

第6章　公転するジャイロスコープの逆転の力学

ンバルの支点（図26(a)と 図26(b)との S_1~S_6）の機構がピボットかベアリングかの違いによるものと思われます。水平置きは大揺れするため、逆転時間は垂直置きに比べ2倍近くにも伸びます。この違いは、支点となる面積をもったベアリングの方向が地表における重力の方向に対し自由にならないことと関係するもので、人工衛星内部の無重力（無重量、微小重力ともいう）下で実験できたり、支点が滑らかに動けるよう（ボールソケット状構造にするなど）に工夫できたりすれば、この違いを無くせると思われます。本書では、垂直置きでのデータだけを問題とします。楽屋事情をさらけ出せば、水平置きの大揺れに手を焼き、実験を垂直置きに限定することで論文の受理につながりました。

　実験のもう一つの要点は、ジャイロの自転角速度の測定です。高校の物理器具に、ストロボスコープがあります。ライトの点滅頻度を、ダイヤルを回して自由に変えることができます。ジャイロのコマの一カ所に印をつけ、回転させた状態でストロボの光を当てると点滅の頻度（単位時間あたりの点滅回数）に応じてその印が様々に動いて見えます。

　実験に使ったジャイロ（TAI）の回転速度は、実験中に1分間に750から500回転にスローダウンします。途中のω＝600（回／分）の見つけ方で話します。実験は、ストロボの点滅頻度を目盛の大きい適当な2000（回／分）あたりから開始します。印は動いて見えます。この点滅頻度を下げていきますが、1800（回／分）に近づくにつれ、この印は3カ所に止まるように見えてきます。そのわけは、ジャイロが120度（360度／3）回る度にストロボが光り、眼は光ったときの印だけ視認し残像を残し、印が3カ所あるように見えるのです。眼は暗闇より光が差す状況をとらえるよう働きます。5億数千年前、生命に「眼の誕生」があり「光スイッチ」がオンになった進化35)と無縁な現象とは思えません。

　さらに点滅頻度を下げていくと印は動いてきます。ちょうど1200（回／分）に落ちたとき、この印は2カ所に止まって見えます。そのわけは、ジャイロが180度（360度／2）回る度にストロボが光って、人の眼には印が2カ所あるかのように見えるからです。さらに点滅頻度を下げていくと印は動いて見えます。

　ちょうど点滅頻度が600（回／分）に落ちたとき、印は1カ所に静止して見えます。このときの点滅頻度がジャイロの回転の角速度600（回／分）に一致します。念のため、その目盛近辺を少し速めたり遅くしたりして、印を前後に

動かしてみて確認します。

そのわけは、例えばストロボの点滅頻度を 300（回／分）に下げたとき、ストロボが 1 回点滅する間に、ジャイロが 2 回転するため印が 1 カ所に止まって見えることによる間違いを防ぐためです。このようにして、ジャイロの回転速度を測定しました。

回転台の回転速度（公転速度）は、ジャイロの自転より遅く、肉眼でも回転数を数えられるので、回転台に目印をつけ、一定回数分の回転に要する時間をストップウオッチで計って求めます。

実験の具体像を再現します。実験データは、暗室で、自転を与えたジャイロを速さがわかる回転台に載せて公転させ、電話時報の 10 秒おきにジャイロに取り付けた分度器で自転軸の傾きの角度を記録し、ストロボスコープでジャイロの印が止まって見える針の位置を読み取りながら（時間の経過につれて自転は少しずつスローダウンする）、同時進行で進めていきます。一回の実験に要する時間は約 20 分で、結果の 1 つを図 6 に示してあります。「○」が実験値を示し、実線のカーブが理論曲線（双曲線関数、つまり $u = \tanh \beta \Omega t$ です。ただし、式中の時間 t は $\theta = 90°$、つまり $u = \cos\theta = 0$ のとき、$t = 0$ になるように設定してある）を表しています。6.5 節でもあらましを述べたように、データは、ほぼ理論曲線にのっていますが、スタート時は $\theta = 180°$（$u = -1$）を急いで離れ、終了時は $\theta = 0°$（$u = 1$）に速く落ち着く様子をうかがわせるずれが現れています。この最初と最後のずれは、先に述べたとおり、垂直置きにおいて器具上の制約（支点の機構）から発生するものと考えられます。信頼度の高いデータは、$\theta = 90°$（$u = 0$）近辺のものです。これと式(6.2)から $|u| \ll 1$（つまり、$\theta = 90°$ 近辺）の近傍で

$$\dot{u} \cong \beta \Omega \sim 0.0085 \ (1／秒)$$

が得られ、式(6.3)から

$$\langle \dot{u} \rangle = \frac{2}{3} \cdot 0.0085 \ (1／秒)$$

第6章　公転するジャイロスコープの逆転の力学

と出ます。この値で、u の変化する値、つまり、$u=-1\,(\theta=180°)$ から、$u=1\,(\theta=0°)$ までの 2 を割ると、ひっくり返りの時間として、

$$2 \div (\frac{2}{3} \cdot 0.0085 \frac{1}{\sec}) = 352.9\,\sec = 5\,\min\,53\,\sec$$

つまり 5 分 53 秒が得られます。この値は、ほぼ同じ条件下（$\omega \cong 750 \sim 500\,(\text{rpm})$ で平均 630 (rpm)、$\Omega \cong 3.7\,(\text{rpm})$）での、垂直置きでの逆転時間約 4 分と水平置きでの逆転時間約 8 分（水平置きでは、大揺れのため細かいデータは取れないものの、逆転に要する時間は計測可能）の中間にあり、6.5 節の理論を大まかに満たしていると思われます。

　完璧なデータを得るには、理想的な機械的ジャイロスコープ（完全にバランスがとれており、自転角速度が不変で、スムーズな回転を可動にする支点を備え、ジンバル質量の影響ないもの）と、無重力（微小重力）状態での理想実験が必要になります。著者の実験で得られたデータは、定量的にも理論的予想をほぼ満たしており、実証したといえます。また、これらの実験に地球自転は全く影響しないことについては、付録 V に記してあります。

　以上が、今のところ、100 年来の常識を覆す現象に対する精一杯の説明ということです。

第7章　人工衛星の自転軸逆転と実験提言
——2100年来の常識への挑戦——

7.1　人工衛星の自転軸は逆転するか？　——問題提起——

　第6章で、円運動する乗り物に載せたジャイロの自転軸を、逆行からスタートさせると、その後ひっくり返って、最終的には、順行に落ち着くことを、理論と実験の両面から示しました。この実験では、中のコマを自転させ、しかも公転円運動させるには、ジンバルで吊るす必要がありました、つまり、自由度3のジャイロスコープが必要でした。

　では、ジンバルなしでコマを自転させ、かつ、円運動させることは可能でしょうか。それは、人工衛星のように、万有引力のもとで、地球のまわりを円運動させれば実現できます。では、このとき、自転軸はどのように振る舞うでしょうか。人工衛星においても、自転軸は公転軸にそろうでしょうか。これは、前章から、自然に湧き上がってくる問題です。

　人工衛星は数々飛んでいるが、そんな話は聞いたこともないと、即座に否定することは、ちょっと待って下さい。目で見てわかる角速度ならともかく、1自転に9分もかかる、したがって、とても自転しているように見えない超低速な自転角速度の場合には、簡単に結論を急がないことが重要です。このようなケースこそが、本書が最も重点を置く課題の核心をなすものなのです。

　地上270 kmを飛ぶ人工衛星は、1公転に90分かかりますが、その10倍の速さで自転させると、9分で1自転つまり360°回転することになります。言い換えると、1分経過してもわずか40°しか回転しない超低速な回転を意味します。もう少し踏み込んで、7.3節を先取りすれば、人工衛星を円盤とみなしその半径を1 mとすると、地上270 kmの軌道（地球中心から6650 km）を速さ7740 m/secで回るのに対し、自分の縁回りの速さは0.012 m/secしかない回転を意味します。

第 7 章　人工衛星の自転軸逆転と実験提言

この極端に小さい自転がこの章の検討課題です。

　結論を先取りして言えば、自転軸が180°逆転するのに21日かかり、70°から20°へ動くのでも3日かかるということがわかります。これが、実現可能な実験のぎりぎりの条件になります。第7章は、この数値を導き出すのに動員した力学を簡単に取り扱います。詳細は、付録VIで展開します。未開拓の分野ですが、理論の正否は実験が判定を下してくれるはずです。

　地表でジャイロを公転させるには、円運動する乗り物に載せます。このとき、乗り物自体は他の動力源により円運動し、それが器具（鉄腕、ワイヤー、ジンバル）を通してコマに公転が伝わります。人工衛星には、ワイヤーのような直結した動力伝達装置はなく、重力という目に見えない万有引力が公転の動力源となります。第6章と運動学的状況は似ていますが、そこでの物理学をそのまま適用することはできません。第6章を参考にしながら、異なった問題として扱っていきます。

　まず、自転のない場合とある場合とで、公転するときの見かけの運動がどのように違うかを確認しておきます。月が、地球を中心にして、公転する場合を考えます。月は、常に同じ顔を地球に向けています。図24で、大円板の縁の円の矢印の向きを逆にすると、矢（顔）はいつも中心点を向くことになります。これを、公転 - 自転の関係で考えてみます。

　地球 - 月間の距離を半径とする大きな円板が、地球を中心に月の公転と同じ角速度で回転していると想定します。1公転すると、月は外の空間（宇宙）に対して、360°回転する方向変化をする、つまり1自転したことになります。月の場合には、1公転に要する時間と1自転に要する時間が同じなのです。地球から見て、月がいつも同じ顔を向けているのはこのためです。空間的位置関係から理解できます。

　次に、スケールを上げて、図24の中心に太陽があり、そのまわりを地球が公転するとしましょう。太陽 - 地球間の距離を半径とする大円板が、地球の公転角速度と同じ速さで回るとすると、やはり、地球も1公転につき、宇宙空間に対し1自転します。つまり、1公転には、1自転が伴います。（地球軌道の9.1節離心率は0.0167で円近似できる話）

　これに加えて、地球は、公転とは無関係に365.25回自転しています。これを

考慮すると、地球の場合、1年間の自転角速度の計算には、注意が必要になります。外の空間に対して、1年間の地球の自転回数は、正確には、自分の自転回数365.25回に、公転による1自転回数を足した366.25回分になります。したがって、地球の宇宙空間に対する自転角速度は、366.25×360°を1年で割った値ということになります。

さて、地球を数百年程度のタイムスケールでみれば、地軸は公転軸に対し23.5°の傾斜を保ち、ほぼ北極星を軸に自転しています。この地軸の傾きは、太陽まわりの公転などとは無関係に、空間に対して常に一定方向を指して（言い換えれば年周変化がなく）見え、これが長らく北極星を方位指標に用いてきたゆえんです（人間の生活時間に即したタイムスケールでの話ですが……）。

これに対して、月は、地球を1公転するとき、常に、同じ顔を中心（地球）に向けていることは、宇宙空間に対して、自分の姿勢を360°変えていることを意味します。これは、軸（自転＝0）は公転のタイムスケールでの方向変化を外の空間に対し見せていることを意味しています。これに類似した運動状態は簡単に地上で再現できます。円運動する乗り物に、自転していないジャイロを載せるだけです。ジャイロ軸は、外の空間に対して、1公転につき360°の方向変化を示します。乗り物の中から見れば、ジャイロは静止しています（6.2節、6.3節参照）。

しかし、地球は1公転しても、自転軸が指す方向を1°も変えません、常に北極星の方向を指しています。1年に365.25回の自転という回転運動はしますが、その自転軸の方向は、数百年程度では、宇宙空間に対しほとんど変わりません。何が違うのでしょうか。

簡単にいえば、公転系からみると、地球には自転（365.25回/1公転）があり、月には自転がない（0回/1公転）ことが、大きな違いです。自転する地軸は、年周的方向変化は見せず、公転が直接地軸の方向を変化させることなく、宇宙空間に対し、同一方向を指し続けます。一方、自転＝0の月は、1公転に対し360°の姿勢変化を見せます。

地球は公転系に対し年365.25回の自転をします。自転体は、その自転方向を維持しようとしますから、公転を無視するかのように自転軸はその方向を変えません。ほぼ一定の北極星方向を向いたままなので、数百年といった短い期間

では動きは小さく、地表に住む人々にとっては、北を指す標識の役目を果たします。

しかし、数千年、1万年といった長期間では状況は変わります。太陽や月の重力トルクにより、自転軸が方向の変化を強いられるので、このタイムスパンでは、もはや北極星は北の指標とはなりえません。地軸は、この強制的な方向の変化から逃れることはできません。自転体は、その力に直交する方向に動き出す性質（ジャイロ効果）を帯びています。ただ単に、時間尺度が、人の生活時間に比べ非常に長い点が異なるだけです。

地軸に対する強制的方向変化は、歳差とよばれ、現在は公転軸から23.5°の角度で、公転とは逆向きに26000年の周期で、公転軸のまわりに、公転とは逆向きの円を描いて運動していることが知られています。とはいっても、1周したという観測記録はどこにもありません、せいぜい、2100年分といったところでしょうか。というのは、地軸の歳差運動と呼ばれるこの動きは、紀元前2世紀にアレキサンドリアの天文学者ヒッパルコスが、それ以前の150年の観測データとの比較から発見したとされていますから（9.2節）。また、理論的には、太陽や月の重力によること（日月歳差）がニュートン力学で説明できます。

そこで本題です。この地軸歳差理論を人工衛星に適用すれば、地球重力で人工衛星の自転軸は歳差運動するはずです。これは、人工衛星の自転軸が、歳差という360°の強制的な方向変化を受けることを意味しています。そのため、自転軸には、それに抵抗する公転ジャイロ効果が現れ、水平強制方向変化と直交する方向の動きを見せるはずです。この人工衛星の自転軸の力学を研究すれば、定量的な変化量が計算でき、実験との比較が可能となり、理論の正否が判断できるはずです。

7.2　人工衛星の自転軸逆転の力学のあらまし

図30は、質量mのコマに見たてた人工衛星（軸対称性と鏡映対称性を併せもつ）が、質量Mの地球に見たてた物体の引力で、半径Rの円運動している様子を描いています。いうまでもなく$M \gg m$です。コマの自転軸を$\mathbf{e}_3$、この軸における慣性モーメントをCとします。また、コマの赤道面には、互いに直交する$\mathbf{e}_1, \mathbf{e}_2$軸があり、コマは軸対称なので、これら2つの軸における慣性モーメン

トは同じになります。その値を A とします。$(\mathbf{e}_1, \mathbf{e}_2, \mathbf{e}_3)$ は、単位ベクトルがつくる直交座標系で、コマと共に高速自転するものではありません。地球に例えるなら、日周（自転）運動する座標系ではなく、歳差および章動と共に動く座標系と考えて下さい。しかし、軸対称性から、自転するコマに固定した座標系 $(\mathbf{a}, \mathbf{b}, \mathbf{c})$ の対応する各軸に関する慣性モーメントは一致します（6章参照）。

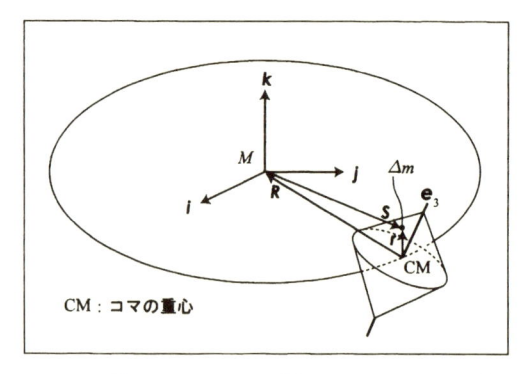

図 30 　質量 m のコマが、質量 $M\,(M \gg m)$ の万有引力により、半径 R の円軌道上を公転している

この節での以下の議論は、6.5 節での議論の応用とその延長にあります。

人工衛星の自転軸が逆転しうることの説明

ジャイロスコープの公転ジャイロ効果の場合には、ジャイロの自転軸は公転角速度の 2 乗、つまり Ω^2 のオーダーで逆転しました。

宇宙空間において、人工衛星の自転軸は、公転 Ω と歳差 $\dot{\phi}$ の 2 種類の回転運動を同時にすることになります。地球では、$\dot{\phi}$ は太陽と月の重力が引き起こす歳差に当たります。この歳差理論が正しければ、人工衛星に適用するとき、この $\dot{\phi}$ は地球重力により起こるはずです（慣性モーメントが $C > A$ のとき、$\dot{\phi}$ の符号は、逆行側で正、順行側で負となります）。

地球に即して話しますと、1 年につき 1 周の公転に、26000 年につき 1 周の歳差が重なります。この太陽と月の重力が引き起こす歳差を止めることはできません。地球は Ω をもって公転（1 年につき 1 回転）すると同時に、極めて緩慢な $\dot{\phi}$（26000 年につき 1 回転）を余儀なくされます。たとえどんなに緩慢でも、頑としてこの緩慢さを堅持することを自然法則により強いられます。結局、地軸は宇宙空間（慣性系）に対して、$\Omega + \dot{\phi}$ の同時に異なる角速度運動をすることになります。

地球も人工衛星も、不可避の重力により公転 Ω を強いられ、かつ、その自転

第7章　人工衛星の自転軸逆転と実験提言

軸は緩慢な$\dot{\phi}$の歳差を強いられ、両者を止めることはできません。これによりジャイロのΩ^2に代わって、自転軸は慣性系空間に対し$(\Omega+\dot{\phi})^2$のオーダーのトルクによる逆転を被るはずです（角速度の2乗則は円運動の本性；付録V6.5-2参照）。それは、

$$(\Omega+\dot{\phi})^2 = \Omega^2 + 2\Omega\cdot\dot{\phi} + \dot{\phi}^2 \quad (\Omega \gg \dot{\phi})$$

と展開できますが、この中のΩ^2（公転系からみれば遠心力項に相当）は重力の主要項と相殺して効力を失います（遠心力と重力が釣り合う；付録VI参照）。つまり、地軸に年周変化は起こらず北極星を向いたままとなります。残りのうち、$2\Omega\cdot\dot{\phi}$（公転系から見た場合のコリオリ力の項に相当；ドット「・」は内積を表す）の項が徐々に（絶対値のオーダーで）効果を発揮してゆきます。つまり、効果が累積されることで発現します。最後の項「$\dot{\phi}^2$」は微少量で無視できます。この説明が事実を反映したものかどうかは、理論が整備されたのち、予言する定量関係を実験で証明する以外にはありません。

　不動の慣性系空間 ── 座標系$(\mathbf{i},\mathbf{j},\mathbf{k})$ ── において、コマの重心は円軌道を描き、自転軸$\mathbf{e}_3$の動きはオイラー角(ϕ, θ)（4.5節参照）で表現されます。第6章では、θのみが変化し、ϕは一定でした。これに対し、この章では、ϕ、θのどちらも変化します。

　地軸が太陽と月の重力の働きで、26000年周期で天空を1周するのと同様に、人工衛星の自転軸も、地球の重力によって、歳差運動をします。自転軸に対するこの横の強制変化への応答としての縦へのジャイロ効果が起こるはずです。これが第7章のテーマです。

　したがって、自転軸の動きは、$(\dot{\phi}, \dot{\theta})$の2つになり、4.5節から、

$$\dot{\boldsymbol{\phi}} = \dot{\phi}\mathbf{k} = \dot{\phi}\mathbf{e}_3'$$
$$\dot{\boldsymbol{\theta}} = \dot{\theta}\mathbf{e}_2 = \dot{\theta}\mathbf{e}_2'$$

で与えられます。通常、$\dot{\phi}$は歳差とよばれる横の経度方向変化を、また$\dot{\theta}$は、小波を打つときは章動とよばれる縦の緯度方向の変化（周期運動）に相当する

ものとされます。本書では、$\dot{\boldsymbol{\theta}}$ は小波ではなく、ひっくり返りを表すことになり、この運動を調べることが最も重要な課題です。角運動量は、最も簡単な第 6 章と同じく、

$$\mathbf{L} = C\omega\mathbf{e}_3$$

にします。つまり、角運動量は自転 $\omega = \dot{\psi} =$ 一定（$\gg \dot{\phi}, \dot{\theta}$）のみによるものとし、$\dot{\phi}, \dot{\theta}$ からの寄与は無視することにします。このとき、ジャイロ効果は、

$$(\dot{\boldsymbol{\phi}} + \dot{\boldsymbol{\theta}}) \times \mathbf{L} = \mathbf{N}$$

と表せ、自転軸をひねる効果を持つトルク $\mathbf{N}$ は、重力起源 $\mathbf{N}_{ug}$ と公転起源 $\mathbf{N}_{rev}$ と 2 つあり、

$$\mathbf{N} = \mathbf{N}_{ug} + \mathbf{N}_{rev}$$

とかけます。下付き文字の ug は万有引力（universal gravitation）の頭 2 文字、rev は公転（revolution）の頭 3 文字をとったものです。また、$\mathbf{N}_{ug}$ は天体力学の前提とさえいえる項で問題ありません。これに対して、$\mathbf{N}_{rev}$ の方は初めて現れる項で、その正当性を主張するには、厳密な実験による検証を要します。

第 6 章では、重力起源のトルクはありませんでした。それは、亜鈴のバランス（付録 V6.5-2 節参照）とかジャイロスコープの構造（ジンバル）によりバランスがとれ、重力効果が打ち消されていたからでした。ここでは、地球の重力によるトルク $\mathbf{N}_{ug}$ は効果を発揮し、自転軸に歳差という形で方向変化を引き起こします。

結局、基本方程式における未知の項は、$\mathbf{N}_{rev}$ ただ 1 つとなります。これが残された唯一の課題です。果たして、前述の $2\boldsymbol{\Omega} \cdot \dot{\boldsymbol{\phi}}$ に相当するこの項は実在するのでしょうか。自転体がその自転方向を強制的に変化させられるため、「第 6 章での議論同様、公転起源のジャイロ効果が発生するはずだ」というのが本書の主張で、その数式の誘導は付録 VI に示してあります。

その概要は、次の通りです。まず、付録 V で、亜鈴の例を取り上げ回転座標

第 7 章　人工衛星の自転軸逆転と実験提言

系を利用することによって、外力としての公転偶力（遠心力項に相当）が求められました。つまり、亜鈴に傾き θ で回転を続けさせるのに必要な外力を求めるために回転座標系を利用し、それをジャイロに適用したわけです。この方法を拡張し、回転系に現れる見かけの遠心力項・コリオリ力項を利用して、実在のトルクを導く手法です。

こうして、未知項 $\mathbf{N}_{rev}$ について回転座標系を利用することで、第 6 章（付録 V）とは別種の公転トルク $\mathbf{N}_{rev}$（コリオリ力項に相当）が実在しうることを示します（付録 VI）。この力学量は公転系（Ω）において、公転と異なる角速度の回転（$\dot{\phi}$）を続けるために必要なトルクに相当します。それを、人工衛星に適用し検証できれば、その実在性が証明できるという段取りです。先取りして言えば、それを地球に適用するのが、第 9 章です。

というわけで、未知項 $\mathbf{N}_{rev}$ を求めるために、最も基本的な運動方程式、ニュートンの第 2 法則からスタートし、長く根気を要する作業の後、やっと求めることができました。（導出過程の詳細は付録 VI を参照）以下にその経過のあらましを紹介します。

回転系（角速度 Ω）では、遠心力とコリオリ力が現れます。コリオリ力は回転系に対し相対運動がある場合に発生します。本書では相対運動として、重力起源の歳差（角速度 $\dot{\phi}$）を想定しています。これは、公転軸と平行な軸まわりの、自転軸の回転運動です。地軸は $\theta = 23.5°$ 傾いた回転ですが、その回転軸（歳差軸）は、公転軸と平行です（図 40 参照）。現時点において地球は、公転軸（黄道北極）と歳差軸（黄道南極）は反対向きの平行で、双方の角速度は、1 年につき 1 周と 26000 年につき 1 周と大きく異なります。

第 6 章の議論では、この項は登場しませんでした。ジャイロスコープの台座が公転系と一緒に運動し相対運動がなかったからです。しかし、地球は、自転体が公転系に乗っていながら、同時に歳差という別の角速度の回転運動をするケースです。そこで、1 つの自転体に、公転と歳差という軸平行で異なる角速度の回転運動が、どちらも譲らず同時に強いられるとき、一体何が起こるかを見ていきます。

さて、遠心力項は重力の主要項（逆 2 乗項）と釣り合って相殺されるため、第 6 章で見た Ω^2 のオーダーのジャイロ効果は起こりません ── 地軸の傾きに年周変化がないのと整合性を持ちます。公転しても地軸は北極星方向を指し

113

続けます。しかし、重力の副次項によって強制的方向変化$\dot{\phi}$（歳差）が引き起こされるため、$\Omega\dot{\phi}$のオーダーのジャイロ効果が発生すると考えられます。この効果により、自転軸はひっくり返りの運動$\dot{\theta}$を起こすというものです。運動は極めて緩慢なため、人工衛星でも20日程度の日数を要します（$\theta=70°$から20°なら3日）。煎じ詰めれば、本書の動機・願望は、「人工衛星を使ってこの$\mathbf{N}_{rev}$の実在性を証明して欲しいこと」の一点に尽きます。

　もし成功すれば、地軸は現在の$\theta=23.5°$にとどまることはできないことを意味します。第9章を先取りすれば、地軸は、現在の$\theta=23.5°$における年間変化量は、

$$\dot{\theta}=-0.0003588(''/y)=-0.00000009967(°/y)$$

と計算され、とても観測にかかる量ではありませんが、100万年経つと、累積効果で

$$\dot{\theta}=-0.1365|\sin 2\theta|(°/10^6 y)$$

となり、100万年経つごとにθの値（地軸傾斜角）が0.1365°のオーダーで減少していく計算です。過去に10億年遡れば増加して、傾きが90°近くに倒れますし、逆に未来に向かって8億年進めば、0°近くに立ち上がることがわかります。

　いま見たオーダーエスティメーションから、地軸が太陽と月の重力により、26000年周期で360°の強制的方向変化を受けるため、それに抵抗する公転ジャイロ効果が発生し、地軸が立ち上がってくるはずだという推測が成立します。これこそが、本書がその正しさの証明を渇望するものにほかなりません。それを証明するには、人工衛星を使った実験が不可欠です。実験と比較できる資料を提供するため、定量的に調べることが、この章の目的です。

　以上のような経過で得られた結果を数式の形で列記します。ジャイロ効果は、

$$(\dot{\phi}+\dot{\theta})\times\mathbf{L}=\mathbf{N}_{ug}+\mathbf{N}_{rev}$$

第 7 章　人工衛星の自転軸逆転と実験提言

で表されます。ここでのジャイロ効果は、簡単なジャイロ効果を表す外積の基本式に基づくことにします。力学の詳細は、付録 VI にゆずりますが、ここで利用するのは、次の結果のみです。

$$\mathbf{N}_{ug} = -\frac{3}{2}(C-A)\Omega^2 \sin\theta \cos\theta (1+\cos 2\varphi)\mathbf{e}_2 + \frac{3}{2}(C-A)\Omega^2 \sin\theta \sin 2\varphi \mathbf{e}_1$$

$$(\varphi = \Omega t - \phi)$$

$$\mathbf{N}_{rev} = 2\mathbf{a}\times\mathbf{F} = 2a\mathbf{e}_3 \times |\mathbf{F}|\mathbf{e}'_2 = -2(C-A)\Omega|\dot\phi|\sin\theta\,\mathbf{e}_1$$

繰り返せば、ここで $\mathbf{N}_{ug}$ は既知のトルクで、$\mathbf{N}_{rev}$ は $\Omega\dot\phi$ のオーダーとなる本書の仮説で、実験検証を要するものです。ジャイロ効果の左辺は、付録 III の座標変換表を使い

$$(\dot{\boldsymbol\phi}+\dot{\boldsymbol\theta})\times\mathbf{L} = (\dot\phi\mathbf{k}+\dot\theta\mathbf{e}'_2)\times C\omega\mathbf{e}_3 = C\omega\dot\phi\sin\theta\mathbf{e}_2 + C\omega\dot\theta\mathbf{e}_1$$

とかけ、ジャイロ効果の式を書き並べると、

$$C\omega\dot\phi\sin\theta\mathbf{e}_2 + C\omega\dot\theta\mathbf{e}_1 =$$
$$-\frac{3}{2}(C-A)\Omega^2\sin\theta\cos\theta(1+\cos 2\varphi)\mathbf{e}_2 + \frac{3}{2}(C-A)\Omega^2\sin\theta\sin 2\varphi\mathbf{e}_1$$
$$-2(C-A)\Omega|\dot\phi|\sin\theta\,\mathbf{e}_1$$

となりますが、結局、

$$\beta = \frac{C-A}{C}\frac{\Omega}{\omega}$$

$$\alpha = \frac{3}{2}\frac{C-A}{C}\frac{\Omega^2}{\omega} = \frac{3\beta\Omega}{2} \quad \left(\frac{GM}{R^3}=\Omega^2\right)$$

のように、定数 β, α を導入して、

$$\mathbf{e}_2: \quad \dot{\phi} = -\alpha \cos\theta (1 + \cos 2\varphi) \tag{7.1}$$

$$\mathbf{e}_1: \quad \dot{\theta} = -2\beta |\dot{\phi}| \sin\theta + \alpha \sin\theta \sin 2\varphi \tag{7.2}$$

とまとめることができます。ここで α は、歳差、章動の変化率の振幅を表しています。式 (7.1) は、歳差運動を表し、天体力学では既知のもので、地軸が 26000 年の周期で、天空を逆回りすることを説明する根拠となる式です。式 (7.2) の第 2 項は、章動運動を記述するもので、これも天体力学では既知で、何も新しい内容を含んでいません。

著者が本書で最も力点を置きたいのが、これまで天体力学で考慮されてこなかった式 (7.2) の第 1 項であり、これについては厳密な実験検証を必要とします。この項を地球に適用するとき、そこから導かれる結果の意味の重大性を示し（第 9 章）、人工衛星を使ってこの第 1 項の実在性を証明する実験の意義を提言したいのです。

まず、人工衛星に適用するとき、いかなる結果が出てくるかを数量的に求め、実験と比較できる材料を求めておきます。

この際、こまごまとした微少量はわずらわしいだけなので、大筋を追うことにします。基盤を確保した後、細部の検討に入るのが、正攻法というものでしょう。

（1） $\theta \neq 90°$ の場合（歳差・逆転コンビ）

まず、式 (7.1)、(7.2) に入っている、$\sin 2\varphi$、$\cos 2\varphi$ はそれぞれ、サインカーブ、コサインカーブと呼ばれる、プラスとマイナスの波打つ量です。平均すれば相殺して 0 になるので、式からはずします ── 時間平均は 0 ということです（重力源をリング状に近似する空間平均でも結果は同じです）。式 (7.1)、(7.2) から意味のある項を残した式として、

$$\dot{\phi} = -\alpha \cos\theta \tag{7.3}$$

第 7 章　人工衛星の自転軸逆転と実験提言

$$\dot{\theta} = -2\beta|\dot{\phi}|\sin\theta \tag{7.4}$$

が得られます。式(7.3)は、式(7.1)から引き続き、地軸の 26000 年周期の歳差の根拠となる式です。天体観測により証明されているとはいえ、観測は 2100 年分で、一周分の 10％にも達していません。人工衛星を使えば、物理実験という別の方法により証明するチャンスとなります。多角的な視点による証明は、確固とした根拠となります。また、今は地軸が指す先の北極星が、長い年月を経れば次第に外れていくことの実感が得られるはずです。

さて、式 (7.2) の第 1 項である式(7.4)について、少し説明しておきます。まず、式(7.3)の歳差があるがゆえに、つまり、$\dot{\phi} \neq 0$ だからこそ自転軸の縦（緯度）方向の運動 $\dot{\theta} \neq 0$ が起こりうるということです。公転軸に向かう動き $\dot{\theta}$ は、歳差 $\dot{\phi}$ によって引き起こされるのです。今問題にしている人工衛星に引き直して見ると、その自転軸が軌道面に平行に円を描くように、地球重力が、強引に歳差 $\dot{\phi}$ をもたらします。それにより、自転軸は水平円運動という強制的方向変化を受け、それに抵抗するジャイロ効果が発生して、公転軸に向かって立ち上がる（逆転する）ことを意味しています。

また、式(7.4)は、自転軸の傾斜角 θ が減っていく負の動き（$\dot{\theta} < 0$）をすることを表しています。これは、時間をさかのぼれば θ が増えていくことから、究極的には $\theta = 180°$ となります。すなわち、逆立ち状態（$\theta = 180°$）からスタートすれば、$\theta = 90°$ を経て、$\theta = 0°$ に向かっていくことを意味しています。そこで、式(7.3)、(7.4)を「歳差・逆転コンビ」とよぶことにします。

しかし、その前に人工衛星に困ったことが起こります。逆立ち状態（$\theta = 180°$）からスタートして、途中、式(7.3)で $\cos 90° = 0$ を経過することです。つまり、横倒し状態（$\theta = 90°$）では歳差が消えて $\dot{\phi} = 0$ になり、結果的に式(7.4)から、立ち上がりの駆動力が消え（$\dot{\theta} = 0$）、$\theta = 90°$ を超えられないことです。そこで、次のような $\theta = 90°$ の場合についての解析が重要になります。

（2）$\theta = 90°$ の場合（章動ジャンプ）

$\theta = 90°$ のとき、$\cos 90° = 0$、$\sin 90° = 1$ で、本来の基本式(7.1)、(7.2)は、

$$\dot{\phi} = 0 \tag{7.5}$$

$$\dot{\theta} = \alpha \sin 2\varphi = \alpha \sin 2(\Omega t - \phi_{90}) \tag{7.6}$$

となり、両式を時間 t について積分する（角度はラジアンで計算し、度で見直す）と、

$$\phi = \phi_{90} = \text{一定}：\phi_{90} \text{ は } \theta = 90° \text{ での } \phi \text{ の値} \tag{7.7}$$

$$\theta = -\Delta\theta \cos 2\varphi + 90° = -\Delta\theta \cos 2(\Omega t - \phi_{90}) + 90° \tag{7.8}$$

$$(\Delta\theta = \alpha / 2\Omega)$$

が得られます。この積分結果の意味するところは、横倒しの状態で、自転軸は歳差をせず、ある一定の方向 ϕ_{90} を指したまま、横（経度）方向には動かずにいるということを、また、縦（緯度）方向には、振幅 $\Delta\theta = \alpha/2\Omega$ [ラジアン]＝ $\alpha/2\Omega \times 180/\pi$ [度]で $\theta = 90°$ の近辺を振動（周期 $T_{90} = \pi/\Omega$）するということです。この状況を少し立ち入って検討します。

もし、自転軸が $\theta = 90°$ より大きい側に振れると、(1) の「歳差・逆転コンビ」が働き、90°の方に押し戻され、逆に90°より小さい側に振れると、(1)の「歳差・逆転コンビ」により、さらに小さい側に引きずり込まれます。このようなプロセスを経て、自転軸は $\theta > 90°$ の逆行側から $\theta < 90°$ の順行側へと、90°の障壁を乗り越えていくと推測されます。

あとで見積りますが、この振動のタイムスケールは、「分」のオーダーの揺れで、一方、逆転（立ち上がり）のタイムスケールは、「時」のオーダーの進みであることがわかります。揺れについて言えば、「分」のオーダーで何回振動しようが、「時」のオーダーからみれば無視できる量です。つまり、$\theta = 180°$ の方から、「時」のオーダーで(1)の「歳差・逆転コンビ」により、$\theta = 90°$ に近づいてきます。$\theta = 90° + \Delta\theta$ に到達したら、振幅 $\Delta\theta$ で振動するが、$\theta = 90°$ 近辺での振動は「分」のオーダーで、「時」のオーダーと比較して無視できるので、一瞬に通り過ぎます。そこで、この90°の突破行を「章動ジャンプ」とよぶことにします。

以上の考察の結果は以下のようにまとめられます。

$\theta \sim 180°$（逆行側）をスタートした自転軸は、(1) の「歳差・逆転コンビ」の働きで、90°へと向かってきて、$\theta = 90° + \Delta\theta$ に達したとき、そこでは(1)

の働きが消えても、(2) の「章動ジャンプ」の働きで、瞬間的に90°を乗り越えて、再び (1) の働きで $\theta \sim 0°$ (順行側) へ向かって進んでいくシナリオになります。

さて、ここで述べた理論が正しいかどうかを検証するため、人工衛星を使った実験と比較できるように、定量的な資料を提出します。

7.3　人工衛星の自転軸逆転の実験検証　——実験の条件を探る——

地球を角速度 (Ω) で回る人工衛星に、逆向きに自転 (ω) をさせると、自転軸は、(7.3)に従って、歳差運動をすると推測されます。次に、この歳差運動は(7.4)に従って、自転軸を180°から0°へ向けて、逆転運動させると思われます。簡単のため、人工衛星は単純な形のもの、つまり慣性モーメントに $C = 2A$（付録IV）の関係が成り立つ、円盤かリングのもの、または両者合体したリング付円盤が望ましく作りやすいと思われます。

次に、人工衛星を上空のどの辺りに飛ばせばよいか検討します。人工衛星（質量 m）を、地表から r (km)の円軌道上に乗せる場合を考えます。地球（質量 M）の半径を $R_0 = 6380$(km) として、

$$R = R_0 + r$$

が地球中心からの半径となります。重力と遠心力の釣り合いから

$$\frac{GMm}{R^2} = mR\Omega^2$$

が成り立ちます、ここで、G は重力定数、Ω は公転角速度です。これから、Ω と r の関係として

$$\Omega = \sqrt{\frac{GM}{R^3}} = \sqrt{\frac{GM}{(R_0+r)^3}} \tag{7.9}$$

が得られます。軌道運動の 1 周に要する時間（周期 T）の方がわかりやすいので T についての式とするため、

$$T = \frac{2\pi}{\Omega} \quad (\text{分})$$

と置き換え、地表からの距離 r との関係をグラフにすると、図 31 となります。$r = 0$ は軌道が地表をはっていることを意味し、周期 T はシューラー周期（付録 II）84 分に一致します。少々上空でも、地球半径 $R_0 = 6380$(km) が r に比べ大きいため、事情をさほど大きく変えることはありません。270km 上空で $T = 90$ 分、1700km 上空でも $T = 120$ 分といったところです。約 36000km（$= 5.6 R_0$）上空だと、静止衛星の周期の 24 時間（1440 分）となります。この 10 倍の角速度の自転を与えるとしても、1 自転に 144 分もかかるような緩慢さでは、実現は困難といえるでしょう。

ここでは、一例として、軌道高度が地上 270km（地球中心より 6650km の距離で周期が 90 分）の人工衛星（$\Omega = 1/90$ (rpm；回転／分)）を考えます。もし、

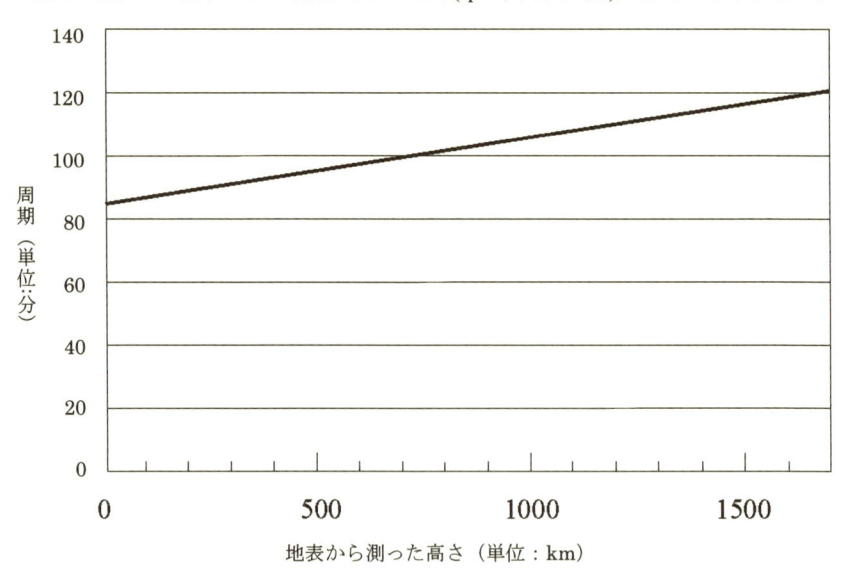

図 31　地上 r (km) における人工衛星の公転周期

第7章　人工衛星の自転軸逆転と実験提言

　この人工衛星に、常識感覚での自転として、1秒間に1回転、つまり$\omega = 1$ (rps；回転／秒) $= 5400\Omega$を与えますと、逆転時間が約13000年にもなってしまい、この場合は余りにも自転が速すぎて、とても逆転現象など見ることはできません。そこでもっと遅い自転として、公転周期の10倍の速さの自転$\omega = 1/9$ (rpm；回転／分) $= 10\Omega$ (9分で360°回転) を考えます。逆転時間を計算する前に、この条件の意味するところを述べておきます。

　人工衛星は、円軌道上を、次のスピードで飛行します

$$V = R\Omega = 6650\,\mathrm{km} \cdot (2\pi / 90\,\mathrm{min}) = 7740\,(\mathrm{m/sec})$$

が、一方、人工衛星を半径1mの円板としますと、重心まわりの周辺速度は、

$$v = r\omega = 1\,\mathrm{m} \cdot (2\pi / 9\,\mathrm{min}) = 0.012\,(\mathrm{m/sec})$$

の値になります。つまり、人工衛星の重心は、地球の周囲を1秒間に7740m走るのに対し、人工衛星の縁は、重心まわりに1秒間に0.012m=1.2cmしか動かないことになります。この超低速の自転が実現できるかが、この実験の最大の難関となるでしょう。これが、7.1節で述べた実現可能なぎりぎりの条件の意味するところです。これを了解の上で、先に進みます。

　式(7.3)、(7.4)に現れる定数の値として、

$$\frac{C-A}{C} = \frac{1}{2}$$

$$\frac{\Omega}{\omega} = \frac{1}{10}$$

$$\beta = \frac{1}{20}$$

$$\alpha = \frac{3}{2} \cdot \frac{1}{20} \cdot \frac{1}{90}\,(\mathrm{rpm}) = \frac{1}{1200}\,(\mathrm{rpm}) = \frac{1}{20}\,(\mathrm{rph})$$

が得られます。ここで、rph（r/h；revolutions per hour；回転／時）は1時間当

たりの回転数で、歳差が 1 時間あたり 1/20 回転するということです。これは、自転軸の歳差の 1 回転が 20 時間のオーダーになることを意味します（式(7.3)から、これに$\cos\theta$がかかるので、地球の自転軸と同じ傾き$\theta=23.5°$にとると、歳差周期は約 22 時間となります）。

　天体力学では、地軸の歳差を説明するのに 7.2 節の $\mathbf{N}_{ug}$ を使います。この同じ式 $\mathbf{N}_{ug}$ を人工衛星に使った結果です。この時間程度であれば、実験可能な範囲です。人類は地軸の歳差を発見して 2100 年経ちますが、これは、1 周分 26000 年のわずか 8%分に過ぎません。天文学における検証は観測によるのが従来のスタイルでした。しかし今日、人工衛星を使えば実験による検証が可能な時代に入っています。つまり、地軸の歳差理論は、人工衛星で完璧に証明できることになります。

　この実験が実現できれば、さらにその先、つまり人工衛星の自転軸に逆転運動が起こるかの検証を可能にします。その逆転運動が起これば、同一の理論で地軸が逆転することを意味します。それこそが、本書の究極の目標なのです。次に、それをみていくことにします。

　式(7.4)は、(7.3)から

$$\dot{\theta} = -3\beta^2 \Omega \sin\theta |\cos\theta|$$

と変形でき、これを積分すると、

$$\ln|\tan\theta| = -3\beta^2 \Omega t + constant \quad （\ln は自然対数、constant は一定）$$

となり、$\theta = \theta_1$ から、$\theta = \theta_2$ までの時間間隔を T とすると、

$$\ln|\tan\theta_2| - \ln|\tan\theta_1| = -3\beta^2 \Omega T$$

が得られます。これは、数値計算のチェック用に使います。

　現在では、パソコン用表計算ソフト（Excel）を使えば、数値解を簡単に求められ、グラフ化も可能です。式(7.4)は、ラジアンと度で表せば、上の条件下で

第7章　人工衛星の自転軸逆転と実験提言

$$\dot{\theta} = -\frac{1}{200}|\cos\theta|\sin\theta \text{ (rph)} = -1.8|\cos\theta|\sin\theta \left(\frac{°}{\text{hour}}\right) \tag{7.10}$$

となり、また、式(7.8)の章動ジャンプの振幅は、

$\Delta\theta = 2.15°$

となります。$\theta = 180°$における発散を避けるため、

$\theta = 179.5°$

を$t=0$のスタート時とします。ここから、式(7.10)を使って、tについて1時間きざみで計算をして（Excel のコピー機能を使えば、瞬時に済む）、

$\theta = 90° + \Delta\theta = 90° + 2.15° = 92.15°$

まで進めます。これは、表計算での 256 行目の値で、t では 256 時間後を意味します。そこから、章動ジャンプで

$\theta = 90° - \Delta\theta = 90° - 2.15° = 87.85°$

へ飛びます。ここから、再び式(7.10)で、

$\theta = 0.5°$

まで進んで、終わりです。その数値をグラフ化したのが、2 章に示した図 7 です。
　179.5°から 0.5°まで約 21 日でひっくり返る（70°から 20°なら 3 日）と出ました。しかし、この自転は、1 分で 40°しか回転しない超低速な角速度を必要とし、技術的な困難が予想されます。これが、人工衛星をジャイロに見立てる検証実験が実現可能なためのぎりぎりの条件のようです。角速度を上げることは

楽ですが、そうすると、人工衛星の自転軸の逆転運動が遅くなり、かえって日数がかかります。また、270kmより高い軌道を飛ばすと更に日数がかかります。高度が低いと一周する時間は90分より短くなり、条件は良くなりそうですが、地上10kmとしても、地球を一周するには85分かかり、270km上空と殆ど変わりません。

また、月のまわりを飛ばしても、月面上10kmで100分かかります ―― 式(7.9)に月のデータを当てはめるとこの値が得られます。やはり、地上270kmあたりの実験が、実現可能なぎりぎりの線といえましょう。著者は、何とか実験を実現して欲しいと切に願っています。

特殊相対論の世界は、光速c~300000km/secに近づくことを要求し、高性能の粒子加速器などで、光速への肉迫が実現できています。ところが本書では、研究の正否が逆に、いかに遅い回転が実現できるかにかかっているのです。自然界には、遅い自転（自転の周期が9分より長いもの）は天体などに見られますが、図体が大き過ぎます（地球でいえば24時間＝1440分）。地上の物体や人工衛星などで、この超低速な角速度を実現できるとして、その図体は大きくなるのでしょうか。

著者には、実験の実施について、長年その技術的解決策はわかりませんでした。しかし、著者の説を知る知人から貴重なヒントを得て、実験の実現可能性が見えてきました。

7.4 自転がない人工衛星内で実現可能な実験

この節の内容は、著者が得た2つのアイデアをもとに、著者なりにまとめた人工衛星の内部において、円盤状コマを使って実現可能と思われる実験です。ただし、実験自体が衛星の動きに影響しない範囲での話となります。

1．超低速の回転は、昔の時計の歯車仕掛けの機構を活用する。
　確かに、時計の長針は60分で1回転し、短針は12時間で1回転します。そのメカニズムを応用すれば、円盤状コマに9分毎に1回転を実現させることはできそうです。
2．自転軸にレーザーポインターを埋め込めば、スクリーン上の光点の動き

第 7 章 人工衛星の自転軸逆転と実験提言

から自転軸の動きが測定できます。20 時間程度の歳差円運動が観察できるでしょう。

そこで、270km 上空を 90 分で 1 周する人工衛星の内部での実験について考えます。図 2 の回転伝達装置がイメージされます。人工衛星内部に相対的に静止できれば、宇宙空間に対して、人工衛星と同じ運動、つまり、90 分 1 周の公転運動をすることになります。この衛星は月と同様に自転がないとします。

円盤状コマは半径 1m とし、円周に質量の大きいリングを取り付けます。これで、慣性モーメント間に $(C-A)/C = 1/2$ が実現できます。時計の歯車仕掛けで 9 分 1 回転の逆行自転を与え、その伝達装置から切り離すことができれば、コマは 90 分 1 周の公転をしながら、同時に 9 分 1 回転の逆行自転をすることになります。つまり、コマは、1 秒間に、7740m の速度で公転しながら、縁は 1.2cm の逆行自転が実現できることになります。

9 分 1 回転の自転に影響することなく、伝達装置からうまく切り離すことができるかが、技術的課題として残りそうです。重心が動かないように切り離すだけですから、技術者ならこの辺りは解決できそうに思えます。こうしてみると、衛星内での検証実験は地上実験より、やさしそうにも思えてきます。

さて、天体力学が説く地軸歳差理論が正しければ、そして、私たちが先に仮定した人工衛星の軌道の高度とコマの形状を前提とする限り、$\alpha = 1/20 \text{(rph)}$ となるはずです。つまり、コマの自転軸は、軌道面に対する傾斜角にもよりますが、20 時間程度の周期の歳差運動をするはずです。これで、地軸歳差理論が実験的に証明できます。

次が問題です。果たして、20 日程度で自転軸はひっくり返って、公転軸にそろうでしょうか（$\theta = 70°$ から $\theta = 20°$ なら 3 日）。自転軸が公転軸にそろえば、本書の仮説が実証されることになります。それは、第 9 章の地軸逆転論を支持することを意味します。

第 8 章　地軸逆転論が関連する諸問題

8.1　地磁気の逆転

　本書は、過去に地球の自転軸が逆転した可能性を論じ、その正否を検証するための、人工衛星を使った実験を提言するものです。したがって、現時点では地球科学の分野で、認知されているものではありません。

　一方、この説の呼称と似た呼び方をする説に地磁気逆転があります。こちらは、海底の残留磁気の測定などを通じた確固たる証拠をもち、プレートテクトニクス理論の根拠にもなっていて、今や万民が認める現象です。海嶺から湧き出るマントル物質が冷える際、そこで生じる海洋底プレートにその時点での地磁気の方向を反映した、岩石の磁化のパターンが縞状に固定されます。東太平洋海嶺から日本までの移動時間に相当する 1.8 億年分のプレートに、地磁気逆転が多数刻まれています 36)。地軸逆転と地磁気逆転とは、言葉は似ていますが、タイムスケールの全く異なる物理現象であることに留意しましょう。

　地磁気の逆転現象は、数十万年のタイムスケールで何度も起こっているのに対し、地球の自転軸の逆転の方は、数十億年のタイムスケールで 1 回だけ起こる現象です（このタイムスケールの長さは、逆転が 26000 年の歳差に起因するためであることを、後に詳述します）。現時点では、両者は、全く関連性がない現象といっておきます。

　誤解を避けるために、一応この地磁気逆転についても、言及しておきます(36)参照）。

　磁石が北を指す性質を羅針盤に使ったのが 11 世紀末の中国で、アラビアを通じてヨーロッパへ伝わり、航海の必需品になったとするのが通説ですが、探れば起源は更に古くなります 2) 8) 36)。ヨーロッパでは、16 世紀まで、磁針が北

第 8 章　地軸逆転論が関連する諸問題

を指す理由として、北極星が引っ張るからだと考えられていました。もしそうなら、北半球では、北へ行くほど N 極は水平より上を指すはずですが、船乗りの経験では、北に行くほど逆に下を指すということでした。

これに興味を持ったイギリスの W. ギルバート（William Gilbert）は、球形の磁石を作り実験したところ、北に行くほど磁針の N 極が下がり、船乗りの経験に合うことを確かめました（図 32）。これを根拠に、1600 年ギルバートは、地球は巨大な磁石であるとの説を大著にしました（部分訳 37））。思弁合戦に明け暮れることよりも、実験事実を根拠に議論を起こすことの重要性を強調した点が、近代科学の先駆者とも評されるゆえんです。

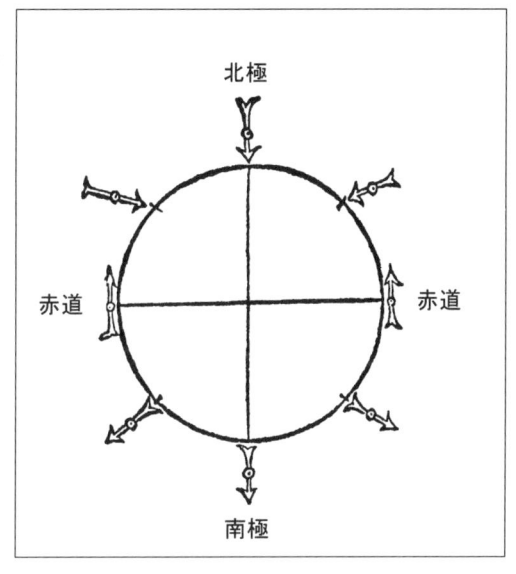

図 32　地球は巨大な磁石であるとの説を示す実験図；磁石の伏角は北にいくほど大きく傾く

これが、地球磁場の原因が、地球内部にあるとする説の始まりです。さらに、このことは、19 世紀になって、ドイツの C. F. ガウス(Carolus Fridericus Gauss)により、地球中心に棒磁石を置いたと想定した時の磁場で近似できることが確立されます。

当時、最小の原理から論理的に多くの結論を導くという演繹法は、ユークリッド幾何学の成功例が知られていました。理屈で結論を引き出そうとする、思弁重視の傾向が強かったようです。特に、宗教原理を根本とし、それに基づく思弁が時代を支配していたようで、19 世紀の氷河説や地球年齢説が受難することになります。

一方、多数の状況証拠から根本原理を見出す帰納法は、その重要性への認識は、今一歩だったようです。ギルバートの「磁石論」は、1600 年に出版されました。そこには、実証無き思弁一辺倒の諸説に対する強い非難の言葉が散見さ

れます。それなりのやむにやまれぬ事情があったのです。その年の 2 月（出版前）、コペルニクスの地動説を支持発展させた同志ともいうべきジョルダーノ・ブルーノ(Giordano Bruno)が、「思弁の権化」により、火あぶりの刑に処せられたことへの強い憤りが秘められ、抑えがたい陰なる抗議とも伝えられています（陽なる抗議は身の破滅です）（詳細は文献 38)参照）。科学は、この困難な時代を乗り越え成長してきました。現代科学の発祥の地、ヨーロッパでの出来事でした。

　思えば、我々現生人類は、5 万年前ふるさとアフリカを去らざるを得ない状況に置かれ（大干ばつなど）、その後、地球全体に食と安寧を求めて広がって行ったようです。人類は、この記憶をすっかり失ってしまいました。しかし、DNAの研究から、次第に明らかにされてきました。150 人ほどの集団がアフリカを出、動植物を追いかけ、氷河の後退により北に向い、氷河の進出で南へ押し戻され、東西へと広がって行ったようです。まるで氷河がポンプの役目を果たし、ユーラシア大陸が広がり狭まるベルトコンベヤーと化し、ベーリングを渡り、地球全体に広がり、今日の 60 億の人になったと言われています 39)。

　放浪の果て、それぞれに安住の地を探し求め、多様な各地の環境に順応した結果、この 5 万年の間に、お互いの姿形・言葉はすっかり変わり果てました。1000 世代経つと、そこの気候風土に合った形質が遺伝的に定着するらしいのです。20 世紀後半からの遺伝子（DNA）研究は目覚しく、その結果、人類がオリンピックなどで一同に会するとき、今や、5 万年ぶりの再会だと認識できる時代です。

地磁気逆転発見のいきさつ

　レンガを建築材料に使う歴史は古く、乾燥させるだけの日干しレンガの利用は紀元前4000 年前のメソポタミア地方（現在のイラク）にさかのぼるといわれています。それから 1000 年を経過した後、焼き固めて頑丈にする焼成レンガが使用されたいう説が有力です。

　この焼きレンガ作りから 5000 年後の 20 世紀初頭、フランスの B. ブリュンヌ(Bernard Brunhes)が面白い発見をしました。焼いたレンガが冷えるとき、鉄分（鉱物粒子）が地球磁場の方向に帯磁するという事実です。これに刺激され関心をそそられたブリュンヌは、溶岩が冷える過程においても同様の帯磁現象が起こることを発見

しました。さらに大昔の情報を得ようと古い時代の溶岩を調べた結果、なんと現在の岩石とは正反対の向きに磁化されている事実の発見に至り、驚愕しました。しかし、同時代の人々は「あり得ぬこと」と取り合わなかったとされています。

この現象は、昭和初期の日本人地質学者松山基範により再発見されました。古い地質時代を調べると何度にもわたって逆転していたことがわかり、松山は1929年に論文を発表しました。しかし、これに対する関係者の反応も、やはり冷ややかだったと記録されています40)。

その後、世界各地で、古い同時代の地層に逆帯磁現象の例が数多く発見されるに及んで、1950年代末には、地球科学者たちは地磁気逆転を汎地球的現象と認めざるを得なくなりました。状況証拠の積み重ねから、量から質への転換が起こったのです。1964年、地球物理学者A. コックス（Allan Cox）らは、過去360万年の間に地磁気が9回も逆転していたと発表しました41)。そして、現在の向き（正磁）の時代を「ブリュンヌ期」、70万年前の最近の逆向き（逆磁）の時代を「松山期」と命名しました。ちなみに、その前は「ガウス期」（正磁）、「ギルバート期」（逆磁）と、すべて地磁気研究に大きな貢献のあった人の名をとって名付けられています。世界の大洋底から採取したコアにその痕跡が残され時代同定の基準となり、過去の気候を知る重要な資料となりました（次節）。

逆転するとき地磁気は0になり、地表の生物は遺伝子レベルの宇宙線（主に陽子）の照射に直接さらされます。このとき、遺伝子が変化することが進化の引き金となり、地磁気逆転こそが生物進化の原動力だとする説もあります42)が、本書の守備範囲を超えます。

8.2　ミランコヴィッチ・サイクル

平原に、大小様々な石ころが雑然と土手を作っている光景とか、また、アクロバチックなスタイルの巨岩に出会い、しかもその下の地盤とは異質となると、人は奇妙な印象に駆られます。「一体、この地形・巨岩は、どのようにしてできたのだろうか」と……。人のなせる業かと疑ってみても、スケールが大き過ぎ、また、ヨーロッパにもアメリカにもあるとなると、もはや人の仕業ではなく自然の造形だと考えざるを得ないことになります。

18世紀までの欧米では、大洪水が運んだと納得済みでした（聖書にノアの大

洪水とある)。しかし、19世紀になると、とても洪水のなせる業とも思えず、それではつじつまが合わないことに気付き始めました。はるかな高みに置き去りにされた巨岩、岩に刻まれた条痕や擦痕、カンナで削られたような平滑な巨石を見るにつけ、これらが土石流でできたとは考えにくく、むしろ巨大な氷圧が作り出したものではないかと考える人たちが現れました。かくして、創造論者と地球進化論者との間に論争が始まりました。

氷河近くを生活の場とする木こりや狩人にとって、氷河の先端が置き去りにした石の群だとか、氷河に乗って遠くから運ばれてきた巨岩だとかは、長年見慣れた光景です。そして、長年の生活実感からわかります。また、側面や下面に小石を付着させた氷河の表面が、巨大なサンドペーパーと化して、その大きな圧力で氷河が通る経路の側面や底面を平らに削ったり、筋を付けたりしたものだと、経験から素直に感じ取れます。したがって、氷河からはるか数百kmも離れた平原で、石土手や迷子石や平滑条痕が付いた巨岩を見て、昔はそこが、巨大な氷河に覆われていた場所だと説明されても、素直に納得できます。

しかし、氷河から遠く離れた場所に住んでいる人達には、大氷河に覆われた光景を想像することはとても難しかったと見えます。そうした人々は、眼前の光景が大洪水のせいだと信じて疑わず、かたくなな常識と化していました。土石流では、石はぶつかり合って角がとれることはあっても、平滑に削られたり、直線的な溝を付けることは難しそうに思えるのですが。

しかし、そうした人たちの中から、過去に、海水を凍らせ海面を100mも下げ、大陸の1/3を厚さ1600mの氷がおおう時代があったとする説 —— 氷河時代説 —— を唱える研究者が登場してきました。

スイス出身の地質学者L. アガシー（Louis Agassiz）は、もともとは「化石魚類」の研究で名が知られていました。友人から、氷河から遠く離れたスイスの平原をおおう石土手や迷子石がその昔、氷河によって運ばれたものだと説明されても、にわかには納得できなかったといいます。しかし、アルプス氷河の光景を目の前にして説明を受けたアガシーは、考えを一変させました。以後、雑然と散乱した岩石類は、過去の氷河の産物と考えるようになり、氷河時代の存在を信じて疑わない、強力な唱道者になったと伝えられています。アメリカに渡った後の野外調査でもアガシーは、見慣れた氷河の痕跡を見て、ますますその確信を深めていきました。

第 8 章　地軸逆転論が関連する諸問題

　このようにして、昔地球上には中央ヨーロッパやアメリカの五大湖などを氷床がすっぽりとおおう「氷河時代」があったという主張は、万民の認めるところとなりました。ニューヨークのセントラルパークには、氷河が置き去りにした巨岩（迷子石）が散在していて、市民がその上で遊んだり寝転んだりする光景が当たり前になっています。

　その後の研究から、氷河が地球上の陸地のほぼ3分の1をおおうほど広がった時期（氷期）が過去65万年の間に4回、3つの間氷期を挟んで交互にめぐってきたことが知られるようになりました（図33 ペンクとブリュックナーの図43）から）。それ以来、氷河の生成消滅が繰り返された原因とプロセスが問題になり、かれこれ8通りの氷河成因説が提唱されました44)。いずれも決め手に欠くものでしたが、それにしても、はちきれるばかりの人の知恵にはただただ驚かされます。それと同時に見過ごされてならないのは、諸説が提唱される空気を大切にし育てるおおらかな土壌です。説の優劣の判別は、歴史の淘汰によってなされるものです。

　この気候の大規模な変動の原因を天文学に求めたのが、セルビア出身の M. ミランコヴィッチ（Milutin Milankovitch）でした43)。それまでは、地球が太陽を回るとき地軸は公転軸（黄道北極）に対し約23.5°傾いたまま円に近い楕円軌

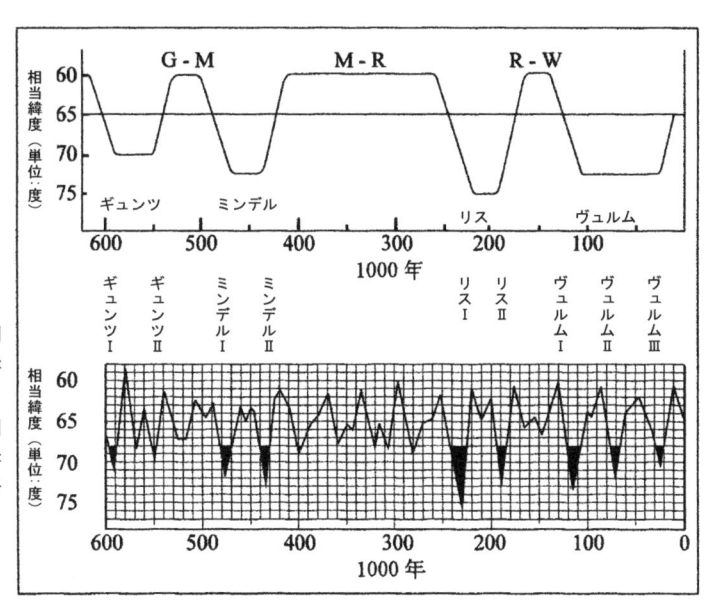

図33　過去65万年に4回の氷河期（上；地質学的研究）と9回の寒冷期（下；天文学的計算）の対応関係を示すグラフ

131

道を描く、という単純な地動説で季節や気候の変化が説明できていました。

　ミランコヴィッチは、太陽や月ばかりでなく他の惑星の重力も考慮した摂動計算を行い、地球の軌道と地軸方向が宇宙空間の中をどうめぐるかを追いました。楕円軌道の形を決める離心率（9.1節）の変化、地軸の傾斜角の縦ゆれ（章動）の変化、地軸の横方向の旋回（歳差）の変化などを過去60万年間にわたって計算し、それらの要因の変化に伴う日射量の変化を推定しました。その結果得られたのがミランコヴィッチ・サイクルでした。つまり、過去、地球‐太陽間距離がどう変化したか、地球が太陽にどの面を向けたか、の変動計算を実行したのです。これから、過去の、各緯度・各季節の太陽からの日射量が求められ、気候変化が推定できます。ミランコヴィッチは、その計算手段を開発したのです。地球の過去の天文計算から推定される気候変化と氷河時代とを比較しようと思い立ったのがきっかけでした。

　その過程でミランコヴィッチは、「氷河の成長を決定する緯度はどこで、季節はいつか？」という問題に直面しました。つまり、いつ、どこの日射量を調べれば、効果的に氷河成長がわかるか、という問です。ミランコヴィッチは、ドイツ気象学の大家 W. ケッペン（W. Köppen）、その娘婿の A. L. ウェゲナー（Arfred Lothar Wegener）との交流を通じて理論は磨かれていきました。まさに、知性は共鳴するですね。

　ミランコヴィッチの「氷河成長の引き金となる要因は何か？」という問への、ケッペンの答はこうでした。「夏季半年間の日射量の減少である」。北極の氷河成長を促す要因は、夏場に日射量が減少し、北極の積雪融解を防ぐことだというのです。ミランコヴィッチは、過去60万年にわたる夏季の日射量の変動曲線を求めました。北緯65°におけるグラフが図33です。そこには、ペンクとブリュックナーが地質学的に得た氷期との比較を示すグラフが並べて示されています。グラフは、過去の北緯65°の日射量は、現在の北緯何度に当たるかを読み取ることができます。全く異なる2つの方法、地質学的研究（図上）と天文学的計算（図下）の結果（歴史的位相）がよく一致している（9つの寒冷期が4つの氷期を形成する）のです。

　しかし、1951年代に放射性炭素による年代決定法が利用できるようになり、正確な時代決定が可能になると、状況は一変しました。最近時氷期の真っ盛りのはずの25000年前（図33 ヴュルム III）に温暖な気候を示す泥炭層が各地で

発見されたことで、ミランコヴィッチ説は大きくゆらぎました。つまり、過去60万年にわたる変動曲線は、最近時の1点のデータで不可と判断されたのです。

しっぽを切られた観のミランコヴィッチ・サイクル説は、四半世紀後の1976年に復活を果たすことになります。50万年間の気候変動を調べた地質学的データが根拠となりました45)。インド洋の海底堆積物をボーリングで採集したコア標本について放散虫化石の増減、酸素同位体の比率を調べた結果でした。そこには、天文学説の結果に符合する周期変動（離心率変動周期10万年、地軸傾斜角変動周期4.1万年、地軸の歳差変動周期2.3万年および1.9万年）、つまりミランコヴィッチ・サイクルに類似した周期が見出されたのです。ミランコヴィッチ説は、息を吹き返し、氷河時代の天文学的成因説は再認識されました。この間のストーリーは、文献44)に活写されています。

8.3 低緯度凍結 ——スノーボールアース説 vs 地軸大傾斜説——

磁針の向きを示す量には、北から東西へのずれを示す偏角と、水平からの傾斜を示す伏角とがあります。伏角は、赤道付近では0度（磁針が水平）で、南北両半球とも高緯度になるにつれて増大し、両極では垂直になります（図32）。例えば、茨城県柿岡地磁気観測所は（北緯約36°）では、伏角は50°近くあります。

緯度により伏角が決まってくるので、逆に伏角がわかれば、そこの緯度がわかります。このことは、低緯度凍結の現象を考える上で大変重要です。南アフリカや南オーストラリアの約7億年前の地層に凍結の痕跡が見出されていますが、その地層の残留磁気の伏角の測定値からその一帯が当時、赤道近くにあったもので、その後現在地に移動してきたと考えられています。この事実から、この地質現象は、7億年前に赤道一帯が凍結していたことの証拠とされ、「低緯度凍結」とよばれるようになりました。スノーボールアース説や地軸大傾斜説はその議論から生まれてきたものです。

南アフリカのナミビア砂漠は、南緯25度の所に位置しており、そこには氷河堆積物が見つかっています。あらかじめ地層の層序から想定される水平線に対する角度関係と方位とを慎重に測定した資料から古地磁気の伏角がわかりますが、この値が0度に近かったことから、地層のできた場所が赤道近辺であるこ

とが判明しました。その後、世界のいろいろな場所で見つかる氷河堆積物についても、やはり起源が赤道に近く、しかも生成時期が7億年前であることがわかってきました。

赤道が凍結していたことから、2つの仮説が提案されました。(1) スノーボールアース説 46)と (2) 地軸大傾斜説 47)です。(1) は、赤道が凍るくらいなので、地球全体が凍結していたと考えます。それに対し (2) は、約7億年前には、地軸が現在の地軸傾斜よりも大きく傾いていたと考え、同時に強い季節変化も説明しようとします。地軸大傾斜説の提唱者 G. E. ウィリアムズ（George E. Williams）は最近、装いを新たに「HOLIST 仮説」として発表し、意気軒昂ぶりを見せています 48)。

さて本題に立ち返って、本書はあくまでもジャイロスコープや地球の自転軸が公転によってどのように運動するかの力学を論じるもので、凍結現象などの、地質学や気候学に直接関連した問題を論じるものではありません。とはいえ、地軸が傾けば、地表が受ける日射量は、緯度で異なるという事実は否定しようもないことです。そこで、地軸傾斜角の変化による日射量の緯度変化を、幾何学的な問題として触れておきます。

W. R. ウォード（William R. Ward）49)は、火星の自転軸の傾斜角が一定のとき、1公転中に各緯度が受ける平均日射量を求めています。それ以前の研究に基づけば、火星の軌道離心率（9.1節）は、過去1000万年間に 0.004 と 0.141 の間の大まかな5回程度の周期変化が見積もられていました。しかし、この変化による平均日射量への影響は 1%程度と小さいことから、火星の軌道を円近似とし、さらに自転軸の傾斜角を変えると各緯度の平均日射量が、どう変化するかを計算しています（解は第2種の完全楕円積分となる）。

この幾何学的関係は、地球にもそのまま当てはまるので、ウィリアムズ 48)は、そのまま、地球に適用しています。地軸の傾斜角をいろいろ変えていったとき、北半球と南半球の各緯度での年間平均日射量がどう変わるかをグラフにしたものが図34です。円軌道近似で、年間日射量が極と赤道で同じになるときの公転軸に対する地軸傾斜角は、54°です。微妙な影響は無視して、大まかな特徴を見ていきます。図34から読み取れる重大な事柄は、次の通りです。

地軸傾斜角が変わる過程で、赤道（緯度0°）付近と両極（同±90°）付近とで

地表が受け取る日射量がどう変わるかを考えるとき、受け取る日射量への傾斜角の影響は赤道では小さく、極では大きいことがわかったことです。特に、地軸傾斜角が 54°以上傾くと、日射量は年間総量で極の方が赤道より多くなります。とはいえ、極は夏しか日射を受けないので季節変化が大きく、赤道の方が季節変化は小さいことです。

最後に、凍結の痕跡を示す証拠を 3 例、確認しておきます。第 1 にまず何より本節で紹介した「氷河堆積物層」が挙げられます。地層の中に異質な巨大岩石が紛れ込んでいれば、氷河によって運ばれ沈み込んだと解釈されるものです。

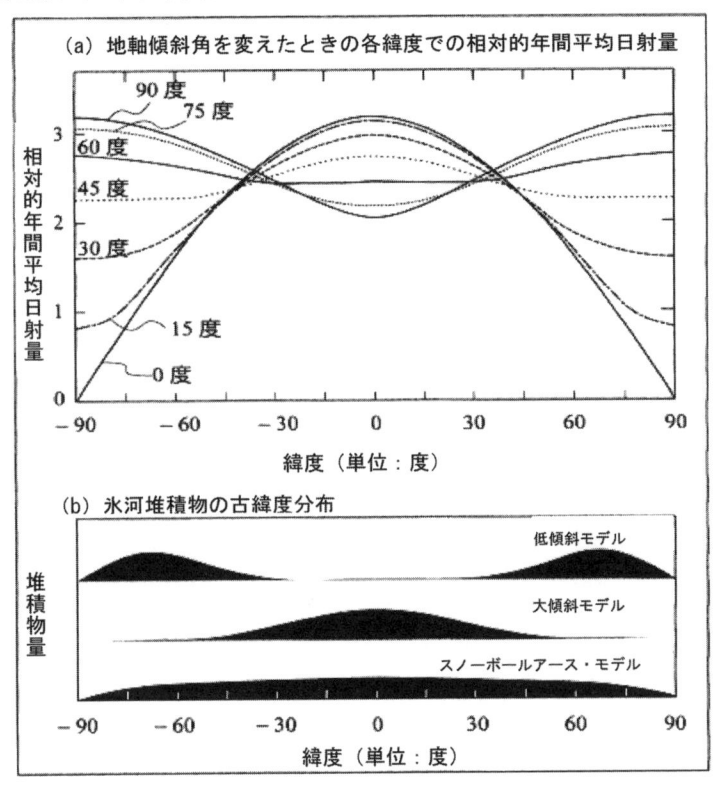

図34　いろいろな地軸傾斜角に対して各緯度が受ける年間平均日射量と予想される氷河堆積物の古緯度分布

2例目として、氷河堆積物層の上に見られる「縞状鉄鉱床(BIF; Banded Iron Formation)」です。3例目が、やはり氷河堆積物層の上に見られる「キャップ・カーボネイト（炭酸塩岩層）」とよばれる地層です。これら第2、第3の例の地層があると、その成り立ちを考えるとき、氷河で覆われていたが故に、それが溶けた後の環境が引き起こす現象と解釈され、凍結現象の傍証とされるものです（詳しくは文献50)参照）。

　スノーボールアース説と地軸大傾斜説は、果たして相容れない対立する説なのでしょうか。著者には、対立関係というより相補関係にあるように思えてならないのです。低緯度凍結は、地軸が大きく傾いたときの気候により、発生しやすい現象と考えられます。7.4節の実験が成功すれば、第9章の地軸逆転が起こり得ることになります。すると、過去長期間にわたって横倒し状態が続き、スノーボールアースが起こりやすくなります。第9章は、この地軸逆転を示す図8へ至るプロセスの説明となります。

第9章　地軸逆転論

9.1　地球誕生時の自転軸の傾き

　今日、太陽系の起源に関する学説のうち科学論文で引用されるのは、主に18世紀以降のもので、かれこれ数十の説があるとされています。ここでは、惑星誕生時の自転軸の傾きに焦点を当てます。

　惑星の形成については、微惑星が集積・合体して誕生するという考えが主流を占めてきました。このとき、微惑星がケプラー運動していたならば、軌道速度は太陽に近いほど速く、遠いほど遅いことから、合体して惑星が誕生するときには、自転軸の回転の向きの観点で見て逆立ち状態をとることになります（図35）。ところが、現在の地球は自転軸が傾斜角23.5°の順行状態をとり、ほかの惑星もほとんど順行状態にあります。これは説明を要する事柄です。そこで、19世紀までの宇宙進化論者は、様々な順行誕生のストーリーを編み出し、解決をはかろうと試してきました51)。2、3の例を取り上げ紹介しましょう。

　たとえば、18世紀、フランスのラプラス（P. S. Laplace）は、原始星雲が冷えて収縮し、回転が速くなって、遠心力により土星の環のようなリングが放出され、太陽のまわりを回っていた。中心天体はさらに冷えて回転を速め、またリングを放出する。この繰り返しで、次々にリングができたと考えました。しかも、これらのリングにはある幅があり、粘性によって剛体的に粘着し合い回っていたとも考えました。遠いほど速く回転できるのに加えて、集積・合体時に、順行状態をつくり出すには、このモデルが最善と考えたわけです。

　また、19世紀半ば、アメリカのカークウッド（D. Kirkwood）はこう考えました。「確かに原始惑星は逆立ち状態で生まれた。しかし、それらは、巨大で膨らんでいた。そのため、太陽からの潮汐力が大きく作用して一種のロック状態になり、遠くが速く、近くは遅く動く運動状態となる順行方向の回転が得ら

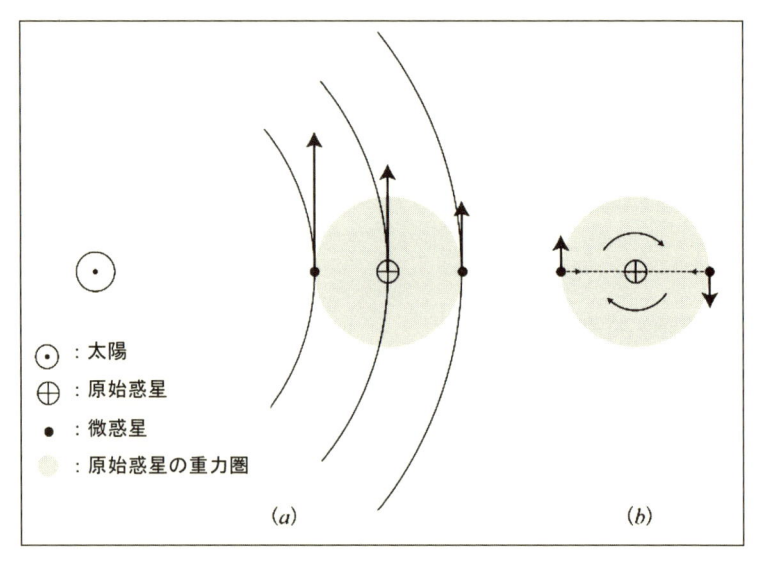

図 35　惑星誕生時の自転軸は逆立ちとなる
　(a) 原始太陽のまわりを原始惑星とその重力圏内の微惑星がケプラー円運動をしている：周辺速度は、太陽に近いほど速く、遠いほど遅い
　(b) 原始惑星の重心からみると、差し引きで微惑星には図のような相対速度が残る：微惑星が原始惑星に向かって落下合体するとき、その角運動量をもらうことで、惑星は公転とは逆向きに回転する逆行誕生となる

れ、その後、収縮するにつれ潮汐力の影響が薄れていくかたわら、角運動量の保存則により順行回転が速くなった」。

　さらに、19世紀末、アメリカのチェンバレン（T. C. Chamberlin）は、惑星が逆行で誕生する原因は、微惑星の軌道を円と仮定した点にあると気づいた最初の人といわれています。つまり、円でない軌道（離心率≠0）を考えれば、順行状態で誕生させられる可能性が生じるというのです。

離心率と2次曲線

　円錐を平面で切るとき、その角度により、切り口の輪郭（交線）は、4通りの2次式で表現される曲線を描きます。このグループ曲線は2次曲線（円錐曲線）とよばれ、天文学と最も密接な関係のある曲線として知られています。具体的には、円、楕円、放物線、双曲線です。これらの曲線は、幾何学的には、離心率とよばれる1つのパラメータで区別されます。

第 9 章　地軸逆転論

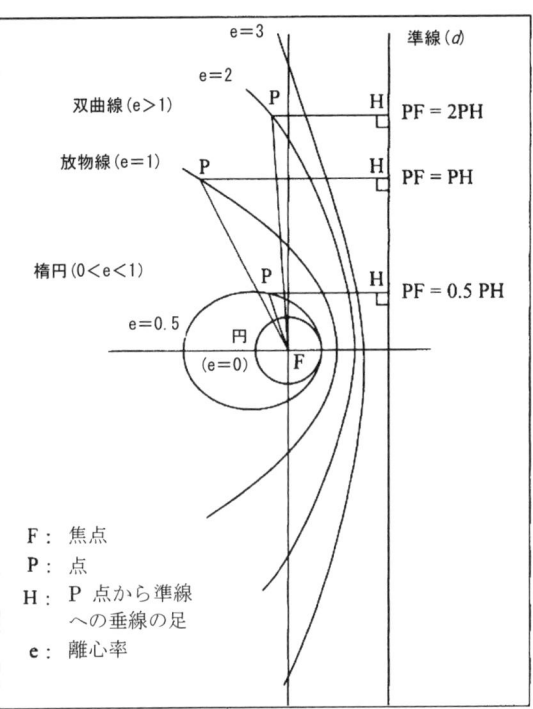

図36　離心率と2次曲線
焦点 F からの距離と準線 d からの距離の比 PF/PH＝e が一定となる点の軌跡が2次曲線：
円 e=0、楕円 0<e<1、放物線 e=1、双曲線 e>1

F：焦点
P：点
H：P 点から準線への垂線の足
e：離心率

1つの定点 F（焦点）と1本の直線 d（準線）を用意します（図36）。同じ平面上の1点 P から F までの距離 PF と、P から d までの距離 PH（H は P から準線 d へ下ろした垂線の足）の比

$$\frac{\mathrm{PF}}{\mathrm{PH}} = e$$

がある決まった値になるとき、この条件を満たす点の軌跡が 2 次曲線となります。2 次曲線は e の値により、

e＝0　　：円（PH が無限遠となる特殊な2次曲線）
0<e<1：楕円
e＝1　　：放物線
e>1　　：双曲線

$e = \infty$ ：準線 d

のように分類され、特徴付けられます。具体的には、図 36 のようになります。

このうち、回転体の慣性モーメントにも関係する楕円に注目します。離心率 e と扁平率 ε（付録 IV5.1-1 節で紹介）の間には、楕円の長半径、短半径をそれぞれ a, b で表すと、

$$e^2 = 1 - \frac{b^2}{a^2} \quad \text{（楕円の場合の e の定義式）}$$

$$\varepsilon = 1 - \frac{b}{a} \quad \text{（楕円の場合の ε の定義式）}$$

を介して

$$e^2 = 1 - (1-\varepsilon)^2 = \varepsilon(2-\varepsilon)$$

の関係があります。

　惑星誕生のシナリオの現代版は、原始惑星の重力圏内（ヒル球）において、この微惑星軌道の離心率 e を円（e = 0）から楕円（0 < e < 1）へ、さらに放物線（e = 1）、双曲線（e > 1）へと大きく乱すことにより、逆行誕生から順行誕生へ移行するシナリオを描き出すことに成功しています。しかし、ケプラー円運動する微惑星の衝突合体を考える場合、そうした衝突現場から誕生する惑星の自転軸の傾きが、逆行になるという結果は、さらに強化されています[52]。

　現代版の惑星誕生シナリオの研究の主な成果をまとめておきます[53]。

1．離心率が小さい（e < 1）と逆行状態での惑星誕生となり、大きい（e > 1）と順行状態での惑星誕生が可能となる。地球や火星の現在の回転は e が 1 〜 2 で再現される。
2．また、もう 1 つ考慮すべき量として、微惑星軌道の傾斜角 i があります。これは微惑星が原始惑星の公転面からどのくらい上下に離れているかの目

安となる量ですが、この傾斜角 i は、逆行状態での誕生か順行状態での誕生かへはあまり影響しない。

煎じ詰めれば、惑星の逆行状態での誕生は、現代版の研究でも可能性の1つとして生きているということです。というよりは、むしろ、順行での誕生を可能にする方策を探った結果、微惑星の軌道離心率を大きく乱せばよいという結論に達したのが、現代版の研究といえます。しかし、逆説的な言い方をすれば、微惑星の軌道が安定した円や楕円に近い場合は、逆行状態での誕生になってしまうという 19 世紀までの素朴な説の結論を補強することにもなったということです。

また、自転軸の傾きを変えるもっと簡単な方法も想定されます。できあがった惑星に、他から、適当な時期に、適当な質量の天体が、適当な方向からぶつかって、傾きが変わったとする考え方です。現時点では、私たちは自転軸の傾きを変えるほどの衝突事件を発見していません。しかし、外来天体がぶつかってきた事例を挙げることはできます。とすれば、何十億年のタイムスケールで考えれば、自転軸の傾きに影響する可能性を確率的には排除できません。横道にそれますが、外来天体の衝突事例を 2 例挙げておきます。

1つは、6500 万年前の恐竜絶滅の原因と考えられる、天体（巨大隕石）の衝突です。証拠が出てきました。外来天体の衝突で普遍的に認められる元素イリジウムの堆積層が同年代の地層に地球規模で見つかったことが衝突の規模と影響の広がりの何よりの証拠となりました。衝突の現場としてもユカタン半島が同定され、信憑性に一段と重みが増しました。

もう1つの例は、1994 年に見られたシューメーカー・レヴィー彗星の木星への衝突です。ハッブル宇宙望遠鏡や、多くの地上望遠鏡によって、衝突の様子がつぶさに観測されました。ただ、木星はあまりにも大きく重く、彗星1つの衝突が自転軸の傾きに影響を及ぼすことはありませんでした。

地軸大傾斜説のウィリアムズも、初めは原因を地球内部の核とマントルの摩擦に求めていたものの、最近では天体衝突説に傾いているように見えます。

9.2 地軸の歳差と章動 ——プラトン年運動——

地球の歳差運動は、図 37 の(a)、(b)の通りです。この図には地球の歳差に関する現在の知見が盛り込まれています。地球の自転軸が、公転とは逆方向に約 26000 年の周期で回転しているというものです。その結果、地球から見る北極、つまり、地球自転軸の延長は、現在は北極星の近傍を指しています。この地軸の指す方向は、天球上を 26000 年かけて一周するとされています。

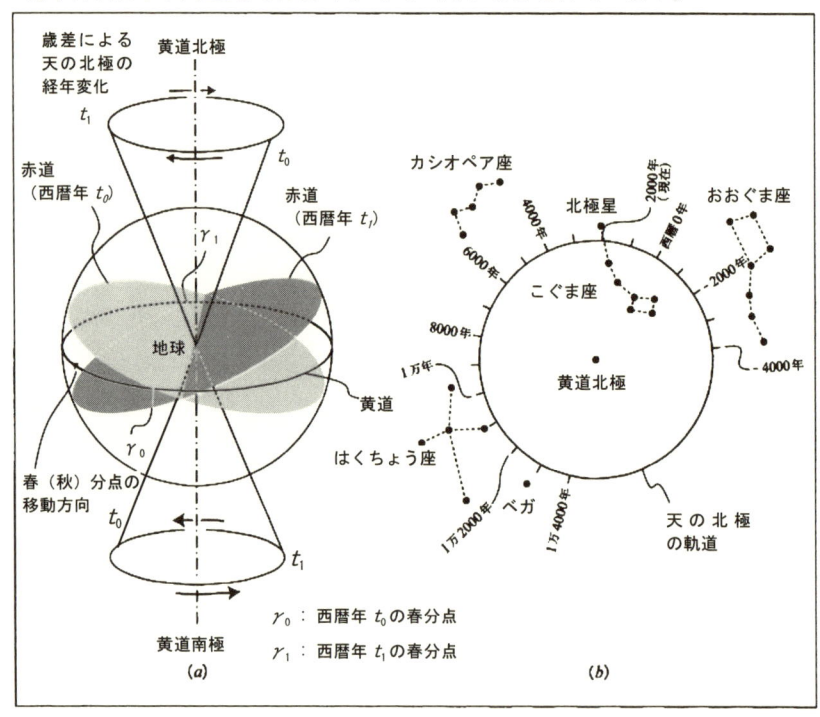

図 37 (a) 地球の自転軸は、26000 年の周期で天空を公転とは逆回り（歳差）し、18.6 年周期で小波を打つ（章動）：黄道と赤道の 2 交点は春分点・秋分点とよばれる；t_0 の時代に γ_0 にあった春分点は、t_1 の時代には γ_1 に移動する
(b) 地球人がみる星座の動き

この 26000 年はプラトン年ともよばれます。「歳差」が、本書では頻繁に登場しますので、区別する意味で地球の歳差運動を、特に「プラトン年運動」と呼ぶことにすれば、紛らわしさが避けられるでしょう。今は、北極星が北の代名

第9章　地軸逆転論

詞化していますが、後世の人には、この北の指標としての星（星座）が違って見えるはずです。

ところで、図37(a)と(b)を見て、何か奇異に思われる人もいるかも知れません。回転の向きが逆に感じられるかも知れないのです。そのときには、身近にある丸いもの、例えば鍋のふたで確かめて下さい。オスプレイの左右のプロペラの回転の向きと同じです。鍋のふたのつまみを持って回し、上から見たのが図37(a)、そのまま、今度は下から見ると図37(b)になります。つまり、同じ回転を、天から見下ろしたのが図37(a)であり、地上から見上げたのが図37(b)です。

この関係を発見したのは、紀元前150年ころのアレキサンドリアのヒッパルコス（Hipparchus）とされています。紀元前300年ころのチモカリス（Timocharis）の観測データとの比較から得たらしく、これらのことは、プトレマイオス（Ptolemaios）──英語ではトレミー（Ptolemy；Pがサイレントのようです）；2世紀──の『アルマゲスト(Almagest)』（アラビア語）を通じて、知ることができるのです54)。

この歳差は、観測的には春分点（赤道と黄道との2ヵ所の交点の一方）の黄道上の移動に相当します。その観測値である年間－50秒角（＝西方に角度で50秒）を発見したのです。図37(a)から、地軸が公転に対して逆回りすれば、赤道が一緒に動くことが理解できます。天球に投影した春分点が、黄道（地球から見た場合の太陽の通り道）上を（西に向かって）逆回りするということです。同じ時期（春分の日）の、日の出直前（日没直後）の星座が年々遅れて現れることから気づいたと伝えられています 1)。古来、星の位置はすべて黄道に準拠して測定・記録されていたことから、星の黄経が一様に増加する現象にも気づきやすく、1年46.8"～43.4" [秒角]（現在値と比べて1割の誤差）の歳差の発見につながったようです54)。

現在は、アレキサンドリア時代のヒッパルコスの発見から、約2150年経ちますが、地軸が天空を一周するのに要する26000年の10%にも達しない時間に過ぎません。この動きを知った人類は、これから11000年後、"北極"星はこと座のベガになっているのを見るはずです（それまでに地球が安泰で、しかもベガに何事もなければの話ですが……）。1年に50"[秒角]とほんのわずかな動きでも、「塵も積もれば山となり」、26000年経てば一周360°することになるわけです。

143

さて、このプラトン年運動（歳差）に加えて、地球の自転軸には章動という運動があります。18世紀イギリスのJ. ブラッドリー（James Bradley）が発見した現象です54)。地軸が、プラトン年運動に加えて、18.6年周期で、振幅約9"[秒角]の小さな波を打つことを言います。

ブラッドリーは、地動説を観測的に証明しようとしました。「もし、地動説が正しいなら、つまり、地球が太陽を回っているという主張が正しいなら、半年で地球が公転軌道直径分だけ位置が変わることになるから、最初と半年後とでは恒星を見るときの方向が違って見えるはずだが、実際の観測ではその違いが見られないではないか」という反論が、天動説側が自陣を防衛するための最後の砦として残っていました。この視線方向の差を角度で表す場合、その値の半分を年周視差（太陽・星・地球のなす角）といいますが、これを発見しようと懸命に観測し続けたのがブラッドリーでした。しかし、成功に至らず、結局年周視差発見の栄誉は、約100年後のドイツのF. W. ベッセル（Friedrich Wilhelm Bessel）が担うことなります。地動説に残された最後の難問はこうして解決されました54)。

しかし、ブラッドリーは、本来の目標を達成できなかった代わりに、この観測を通して年周光行差と章動という2大発見を手にすることができました。見込みははずれたが、素晴らしい2つの発見を得たことは、科学史上珍しいであろうと評されています54)。

ここで年周光行差とは、地球が軌道の位置によって空間に対する速度の向きが異なることから、光速が有限の速さであれば、恒星がその平均位置のまわりに1年周期の小さな楕円を描いて観測されるというものです。この恒星が天空に描く楕円の長軸半径は、すべての恒星に対して等しく約20"[秒角]で、今日ではこの値は光行差定数とよばれています。この年周光行差も十分に地動説の証拠でした。（地球の軌道速度）÷（光速）を角度で表すと出てくる量です；$30 (km/sec) \div 300000 (km/sec) = 0.0001 rad \approx 20"$ [秒角]。

章動は、地軸が天空を一周するプラトン年運動に重なって小さく波打つ現象です。18.6年周期で振幅が約9"[秒角]の波です。その後、プラトン年運動（歳差）はI. ニュートン（Isaac Newton）によって、章動は18世紀にフランスのJ. L. R. ダランベール（Jean Le Rond d'Alembert）によって、力学的に解明されました。

第 9 章 地軸逆転論

地軸歳差の仕組み

　地軸の歳差運動は、地球が完全な球形ではなく、自転により赤道部がわずかに膨らんでいること（$C>A$）に加え、自転軸が傾いていること（$\theta \neq 0°$、$\theta \neq 90°$、$\theta \neq 180°$）に由来します（付録 VI,VII 参照）。ここでは赤道のふくらみ（回転楕円体から極半径の球を差し引いた部分）に作用する力について考えます。

　図 38 は北半球が夏（夏至）のときを表しています。地球の重心 G、ふくらみの A、B 部分に働く力として、引力と遠心力が考えられます。引力は右の太陽の方に、遠心力は左の遠ざかる方に向かいます。まず、重心 G においては、図の矢印が示すようにこの 2 つの力は大きさが同じで反対向きで釣り合っています。したがって、右にも左にも行かない、つまり（太陽に落ち込むことも、太陽から遠ざかることもしない）、安定な公転円運動（円に近い楕円）が保障されます。ひもにおもりをつけグルグル回しても飛んで行かないことと理屈は同じです。

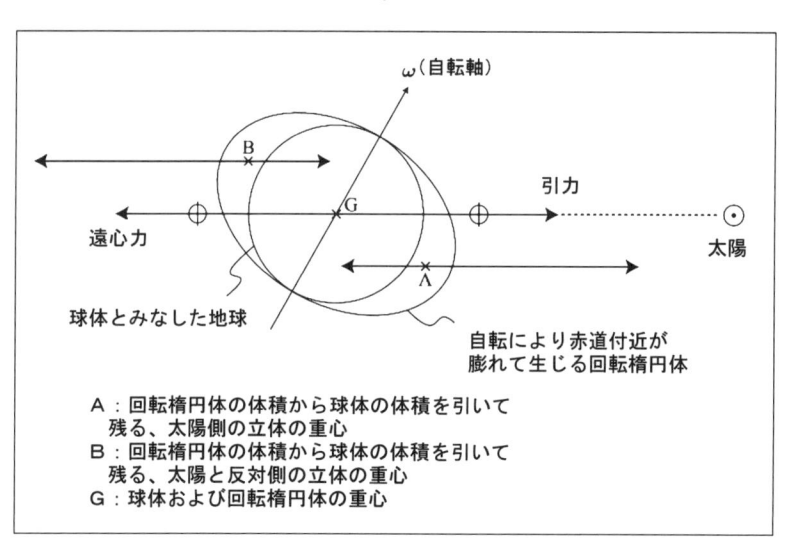

図 38 地球が太陽まわりに公転するときの引力と遠心力：
　重心 G では釣り合っている；A では引力が大きい；B では遠心力が大きい

　次に A、B については、引力は A が B より近いので大きく、遠心力は遠い B が A より大きくなります。地球重心 G からみると、差し引き図 39 の F, -F が残ります。これらも大きさが同じで向きが反対です、地球が回転対称だからです。

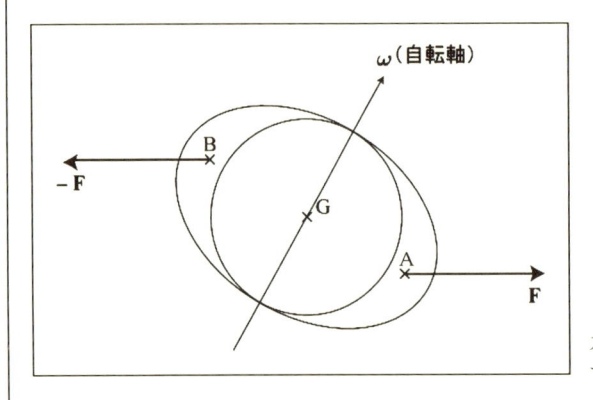

図39 地球重心 G からみた力：A、B において差し引きで残る力

この力を極方向と赤道方向に分解したのが、図 40 の左側です。赤道方向の 2 つの反対向きの力は満潮をもたらします。実際にはこの力は、「月の影響が大きく（9.3 節参照）」、太陽、月、地球が一直線に並ぶ満月と新月のときが大潮になります。

残った、地軸方向の大きさが同じで反対向きの対が重要です。この対が軸方向の偶力を生み出し、その力のペアが地球を右ねじ方式で回すとしたとき、その進行方向がトルクの方向になり、結果的に地軸は地球公転とは反対の西に向かって進む円を描くことがわかります。動作は 3.1 節のコマの場合そのものです。図 9 とは偶力の向きは

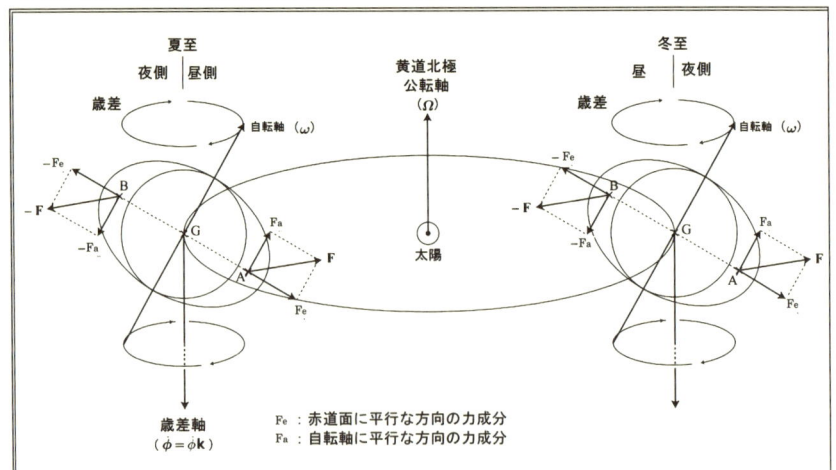

図40 地球の A、B に作用する力を自転軸方向と赤道方向に分解した力：
左側（夏至）で、$\mathbf{F}_a, -\mathbf{F}_a$ を右ねじに回すときのトルクの方向へ自転軸は歳差する；右側（冬至）のときも同じで、公転とは逆向きに歳差する

第 9 章　地軸逆転論

逆でも、対の矢印を右ねじ方式に回すと、歳差の向きが決まる関係は同じです。冬至（図の右側）のときも同様で、北極が紙面から上側に浮き上がって来ることが、偶力の右ねじ方式で進行するトルクからわかります。

　地軸歳差理論が、地軸は太陽と月の重力の効果でプラトン年運動という $360°$ の強制方向変化 $-\dot{\phi}$ を受けることを教えています。地軸が公転 Ω すると同時に異なる角速度 $-\dot{\phi}$ の歳差を強制されるためジャイロ効果が発生して、自転する地球はそれに直交する方向（公転軸方向）に動くと考えられます。第 7 章の議論を地球に適用すると、$180°$ から $23.5°$ まで 46 億年（地球年齢）の年数を見積もることが可能となります。

　このとき、赤道一帯の凍結に好都合な横倒し状態が約 20 億年もの長期間続くことがわかり、寺石仮説やウィリアムズ仮説の力学的根拠が出てきました。実証するためには、7.4 節の人工衛星実験が必要不可欠になります。まずはこの地軸の動きを調べていきましょう。

9.3　地軸逆転の力学のあらまし

　ようやく、第 7 章の人工衛星の自転軸逆転の力学を、地球に適用する準備が整いました。同じ力学を地球に適用するとき、各種運動のタイムスケールが遥かに長くなり、寿命がせいぜい 100 年オーダーの人間には、とても観測による証明は望めません。結果が 100 万年といったタイムスケールになるからです。したがって、考えられる限りの最善の検証法は、人工衛星を使った実験となります。ここでは、大略を述べ、詳細は付録 VII に回します。

　この章では、地球に関する重要な結果を導くことにより、人工衛星を利用した実験の意義の大きさを訴えることにします。そして、地球をモデルにしたコマに、第 7 章の力学を適用するとどうなるかを議論します。そこでは、地球スケールのコマの自転軸の逆転運動を論じますが、データには、実際の地球や太陽、月の諸元の数値をそのまま使います。結果は、2 章の図 8 で紹介済みなので、それを前提にそこに至るプロセスを論じます。

　天体力学の主役ともいうべき重力源は、7 章では 1 つでしたが、9 章では 2 つになります。地球の自転軸の最近 2100 年間の観測を説明するには、少なくと

も2つの重力源を考慮する必要があるからです。2 つの重力源とは、具体的には太陽とそれより近くて影響力のある月です。地球の公転運動を考える場合には、重力源は太陽1つで済みますが、地球の自転軸の運動には、月も考慮する必要があるのです。

このとき、地球の自転軸（地軸）が被るジャイロ効果は、

$$(\dot{\phi}+\dot{\theta})\times \mathbf{L} = \mathbf{N}_{ug} + \mathbf{N}_{ug2} + \mathbf{N}_{rev}$$

となります。$\dot{\phi}, \dot{\theta}$ は地軸の運動（$\dot{\phi}=\dot{\phi}\mathbf{k}$ が黄道座標系における黄経角速度、$\dot{\theta}=\dot{\theta}\mathbf{e}'_2$ が同じく黄緯角速度）を表し、$\mathbf{L}=C\omega\mathbf{e}_3$ が地軸まわりの地球の自転角運動量（角速度 ω は一定で地軸方向 $\mathbf{e}_3$ が変化する）、$\mathbf{N}_{ug}$ が太陽重力によって地軸にかかるトルク、$\mathbf{N}_{ug2}$ が7章に比べ増えた月重力によって地軸にかかるトルクを表します。なお、公転ジャイロ効果によるトルクの影響は $\mathbf{N}_{rev}$ 1つで済みます。それは、地球は太陽を回る公転座標系上にあるからです。この公転座標系 Ω において、それとは異なる角速度 $\dot{\phi}$ による運動で、公転ジャイロ効果が発生しますが、この $\dot{\phi}$ の起源は、太陽重力で発生するトルク $\mathbf{N}_{ug}$ による角速度 $\dot{\phi}_S$ と、月重力がもとで発生するトルク $\mathbf{N}_{ug2}$ による角速度 $\dot{\phi}_m$ の2つです。$\dot{\phi}$ の下付き文字のうち S は太陽、m は月をそれぞれ表します。Ω、$\dot{\phi}$、$\dot{\phi}_S$、$\dot{\phi}_m$ の軸は平行です。

このとき、地軸の運動を表す基本方程式は、

$$\dot{\phi}=\dot{\phi}_S+\dot{\phi}_m \tag{9.1}_1$$

$$\dot{\phi}_S = -\alpha_S \cos\theta(1+\cos 2\varphi), \quad \varphi = \Omega t - \phi \tag{9.1}_2$$

$$\dot{\phi}_m = -\alpha_m \cos\theta(1+\cos 2\varphi_2), \quad \varphi_2 = \Omega_2 t - \phi \tag{9.1}_3$$

$$\dot{\theta} = -2\beta|\dot{\phi}|\sin\theta + \alpha_S \sin\theta \sin 2\varphi + \alpha_m \sin\theta \sin 2\varphi_2 \tag{9.2}$$

となります。ここで、$t=0$ を、地球から見て月の方向が太陽の方向と一致したとき、つまり皆既日食か金環日食のときに選んでいます。また、$\Omega = 1$ rpy（回転／年）は地球の太陽まわりの公転角速度、$\Omega_2 = (1/27.32)$ rpd（回転／日：月が地球を 27.32 日で1公転するので、1日当たり 27.32 分の1公転）は、月の地

球まわりの公転角速度を表しています。また、各係数の見積りは、

$$\alpha_s = 17.4\,''/y \tag{9.3}_1$$
$$\alpha_m = 37.6\,''/y \tag{9.3}_2$$
$$\beta = 8.934 \times 10^{-6} \tag{9.4}$$

で与えられます（付録 VII）。

　式(9.2)の第 1 項は、太陽と月による歳差の影響が式(9.1)を通じて、累積効果をもつ逆転運動（$\dot{\theta} < 0$）を引き起こすことを意味し、第 2 項、第 3 項はそれぞれ、太陽と月による章動という周期運動を表しています。第 1 項が、著者がその重要性を提唱する仮説で、第 2 項、第 3 項は既知のものです。特に、第 1 項ついて、地球が 1 つの公転系に乗っていることが、β を通して公転 Ω の影響として現れています。

　ここでも第 7 章同様こまごまとした微少量は追わず、全体傾向をつかむ方針で進めます。

（1）$\theta \neq 90°$　（歳差・逆転コンビ）

地軸方向 $\mathbf{e}_3$ の運動は、式(9.1)$_1$, (9.2)で記述され、それを解けば、その動き (ϕ, θ) がわかります。これらに含まれる周期項は、正負の波を表し、時間平均すれば、相殺して 0 になることに着目し、$\theta \neq 90°$ と $\theta = 90°$ に分けることにします。式(9.1)$_1$, (9.2)において、周期項の時間平均は 0 （長い目で見れば、影響なし）、つまり、

$$\langle \sin 2\varphi \rangle = 0,\ \langle \cos 2\varphi \rangle = 0,\ \langle \sin 2\varphi_2 \rangle = 0,\ \langle \cos 2\varphi_2 \rangle = 0$$

として、式から除外します（重力源をリング状に空間平均しても同じ）。すると残りは、

$$\dot{\phi} = \dot{\phi}_S + \dot{\phi}_m = -(\alpha_s + \alpha_m)\cos\theta = -\alpha\cos\theta \tag{9.5}$$
$$\dot{\theta} = -2\beta|\dot{\phi}|\sin\theta = -2\beta|(\alpha_s + \alpha_m)\cos\theta|\sin\theta = -\gamma_0|\sin 2\theta| \tag{9.6}$$

となります。ここで、係数の値として$(9.3)_1$、$(9.3)_2$、(9.4)から、

$$\alpha = \alpha_S + \alpha_m = 55.0''/y \quad [秒角／年] \tag{9.7}_1$$

$$\gamma_0 = \beta(\alpha_S + \alpha_m) = 8.934 \cdot 10^{-6} \times 55.0''/y \quad [秒角／年] \tag{9.7}_2$$

$$= 0.1365°/10^6 y \quad [度角／100万年] \tag{9.7}_3$$

が得られます。式(9.5)、(9.6)は、歳差運動$|\dot{\phi}|$が、ジャイロ効果により、逆転運動$\dot{\theta} < 0$を起こすことを表しますので、このペアを第7章同様「歳差・逆転コンビ」とよびます。

結局、歳差運動$\dot{\phi}$は、式(9.5)、$(9.7)_1$で表され、これが現在の傾斜角 $\theta = 23.45°$ のとき、$\dot{\phi} = -50.4''/y$ [秒角／年]を与え、見事、観測データに一致するということです。その理由として、(付録IVで触れますが)チャンドラセカールは、$(C-A)/C$ に対して $1/305.6$ というティスランの値を採用したからだと説明し、それは地球の内部構造に基づく値ではないということです。

現実にはおよそ$(C-A)/C \sim 1/300$ 程度（付録IV 参照）のようで、本書には、その値の厳密さにこだわっても仕方のない事情があります。それより第7章で出てきた、$\theta = 90°$の障害を乗り越えるときの「章動ジャンプ」の振幅値の見積もりの方が、はるかに影響は大きいのです。第2章図8にその違いの大きさが、$M_1 \sim M_5$として現れています。

逆転運動$\dot{\theta}$は、式(9.6)、$(9.7)_2$から、現在値の角速度を求めますと、$\theta_0 = 23.45°$から

$$\dot{\theta}_0 = -0.0003588''/y \quad [秒角／年]$$

となり、とても観測にかかる量ではありません。つまり、観測的証明は不可能です。7.4節の人工衛星内実験が必要になるゆえんです。しかし、これを100万年といった長いタイムスケールでみるとどうなるでしょうか。それは

$$\dot{\theta} = -\gamma_0 |\sin 2\theta| \quad (\gamma_0 = 0.1365°/10^6 y) \quad [度角／100万年]$$

となり、100万年（10^6 y）単位でみれば、もはや無視できない量となります。

これは、地軸のひっくり返りが一方通行（$\dot{\theta}<0$）に起こる累積効果によるものです。式(9.6)は積分できて、$\theta=\theta_1$から$\theta=\theta_2$までの時間間隔をT_{12}とすると、

$$\ln|\tan\theta_2|-\ln|\tan\theta_1|=-2\gamma_0 T_{12} \tag{9.8}$$

となりますが、この積分時のγ_0はラジアン（2πラジアン=360°）扱いです。

（2）$\theta=90°$（章動ジャンプ）

第7章でも述べましたが、$\theta=90°$のときには、前節の議論が適用できません。基本方程式からの再検討を要します。基本方程式$(9.1)_1$、$(9.1)_2$、$(9.1)_3$、(9.2)は、$\theta=90°$のとき、

$$\dot{\phi}=0$$
$$\dot{\phi}_S=0 \quad (\phi_S=\phi_{S90}=constant)$$
$$\dot{\phi}_m=0 \quad (\phi_m=\phi_{m90}=constant)$$
$$\dot{\theta}=\alpha_S\sin 2(\Omega t-\phi_{S90})+\alpha_m\sin 2(\Omega_2 t-\phi_{m90})$$

となり、最後の式の積分と係数見積もり（付録VII参照）から、次の結果

$$\theta=-\Delta\theta(t)+\frac{\pi}{2} \quad (\frac{\pi}{2}=90°) \tag{9.9$_1$}$$

$$\Delta\theta(t)=\Delta\theta_S\cos 2(\Omega t-\phi_{S90})+\Delta\theta_m\cos 2(\Omega_2 t-\phi_{m90}) \tag{9.9$_2$}$$

$$\Delta\theta_S=\frac{\alpha_S}{2\Omega}=\frac{17.4\,(''/y)}{2\cdot 2\pi\,(/y)}=1.385''\,(arcsec,\,秒角) \tag{9.10$_1$}$$

$$\Delta\theta_m=\frac{\alpha_m}{2\Omega_2}=\frac{37.6\,(''/y)}{2\cdot 2\pi/(27.32/365.25)\,(/y)}=0.224''\,(arcsec,\,秒角) \tag{9.10$_2$}$$

が得られます。

これらの式が意味するものは、$\theta=90°$近辺では、地軸は横倒しで横に動かず縦に微小振動をするというものです。この振動$\Delta\theta(t)$の振幅の最大値を$\Delta\theta_{90}$としますと、地軸は、

$$90° - \Delta\theta_{90} \leqq \Delta\theta(t) \leqq 90° + \Delta\theta_{90}$$

の間を振動することになります。第7章でも述べましたが、地軸が逆行側

$$\theta \geq 90° + \Delta\theta_{90}$$

に振れますと「歳差・逆転コンビ」により、90°の方向へ押し返されます。また順行側

$$\theta \leq 90° - \Delta\theta_{90}$$

に振れますと「歳差・逆転コンビ」により、$\theta < 90°$の領域に引きずり込まれます。

このようなプロセスを経て、自転軸は逆行側から順行側へと、$\theta = 90°$の障壁を乗り越えていきます。この$\theta = 90°$近辺での微小振動（準周期運動）のタイムスケールは、41000年弱と見積もることができ55）、100万年のタイムスケールに比べると、無視しうる微小な年数です。かくして、自転軸は、仮に、$\dot{\theta} < 0$の究極と考えられる$\theta \sim 180°$をスタートしたとして、$90° + \Delta\theta_{90}$に到達したとき、一瞬にして、$\theta = 90°$の障壁を突破することになるので、このイベントを第7章のときと同様「章動ジャンプ」とよびます。

この「章動ジャンプ」の時刻は、$\theta = 90°$近辺での振幅の最大値$\Delta\theta_{90}$の見積もり方に依存します。このことは、第2章に先に結論として示した自転軸の時間変化(t, θ)のグラフにモデルの違いとして現れています。その原因は、式(9.8)が$\theta = 90°$において発散することにあります。式(9.1)$_1$, (9.2)において、簡単化のため周期項を無視した点にあります。この簡単化は、$\theta \neq 90°$の領域における「歳差・逆転コンビ」と、$\theta = 90°$を乗り切る「章動ジャンプ」に分離することで、十分カバーでき、すっきりした形で表現できます。

そこで、最後に残った問題は、$\theta = 90°$近辺での章動振幅の最大値$\Delta\theta_{90}$を評価することです。詳細は付録VIIにゆずり、ここではその結果のみを紹介します。

その値には、

第9章　地軸逆転論

$$\Delta\theta_{90} \approx 1.609'' \sim 2.0°$$

の広がりが見込まれるということです。この値により、地軸のひっくり返りに要する時間は、大きく変わってきます。ここで、$\Delta\theta_{90}$の値の選択の問題に直面しました。

そこで、原点に返って考えます。そもそも本書のテーマは、惑星の重力の摂動による地軸の傾斜角のゆらぎを論じる研究ではありません。地軸の強制的な横方向変化に対するジャイロ効果が地球規模のコマの自転軸にも現れるはずです。コマの自転軸は、最終的には公転軸にそろうはずで、そのタイムスケールに妥当性があるかというのが本来のテーマでした。この原点に返るとき、最善の策はその幅全体を考慮して、変化の傾向を知っておくことだと思います。そこで、$\Delta\theta_{90}$の値を一種のパラメータとして扱います。詳細は、人工衛星内での実験が成功した後の課題として残すことにして、先に進みます。

9.4　地軸の逆転運動　——60億年の時間‐傾斜角関係——

前節の考察に基づいて、$\Delta\theta_{90}$の値の幅として考えられる$1.609'' \sim 2.0°$の範囲から5つをモデルとして選んで、調べてみます。

M_1：$\Delta\theta_{90} = 1.609'' = 0.000447°$；これは、月の軌道面が地球の軌道面に一致している最も単純なモデルで、9.3節の議論に一貫性を持たせる。

M_2：$\Delta\theta_{90} = 9.21'' = 0.00256°$；これは、章動定数とよばれる18.6年周期の観測値を採用したもので、月の軌道面の地球軌道面への後退運動から説明されるもの。

M_3：$\Delta\theta_{90} = 55.0''/y \cdot 1y = 55.0'' = 0.0153°$；これは、章動の最大値として歳差運動を採用し、式$(9.1)_1 \sim (9.2)$において、歳差と章動の因子が同じであることにちなんでいる。

M_4：$\Delta\theta_{90} = 1.3°$；これは、惑星からの摂動論に基づいた値。

M_5：$\Delta\theta_{90} = 2.0°$；これは、上の摂動論の中で、最大値を採用したもの。

これで、地軸の時間変化(t,θ)についての、上限・下限を含む全体傾向がつか

めます。

　数学的には、解析解(9.8)で決まりますが、これはチェック用に使います。第7章同様現実には、パソコン表計算ソフト（Excel）で計算し、かつグラフ化しました。第7章の人工衛星の場合は、$\theta = 179.5°$ をスタート時点としましたが、ここではスタート時点（$t = 0$）に、地軸の傾斜角として $\theta = 23.45°$（現在の地球の値）を選びます。ここから、式(9.6)を用いて、100万年きざみに、過去と未来に向けて数値計算し、グラフ化します。もう少し、具体的にいえば、

$$\Delta\theta = \dot{\theta} \times 10^6 = 0.1365°/10^6 \times |\sin 2\theta| \times 10^6 = 0.1365|\sin 2\theta|$$

を過去に向けては足し算し、未来に向けては引き算すればできます。

　ステップ0：$\theta_0 = 23.45°$　　（$\sin 2\theta$ の計算時、角度の単位をラジアンに換算する）
　ステップ1：$\theta_1 = \theta_0 + \Delta\theta_0$　（$\Delta\theta_0 = 0.1365|\sin 2\theta_0|$）
　ステップ2：$\theta_2 = \theta_1 + \Delta\theta_1$　（$\Delta\theta_1 = 0.1365|\sin 2\theta_1|$）
　ステップ3：$\theta_3 = \theta_2 + \Delta\theta_2$　（$\Delta\theta_2 = 0.1365|\sin 2\theta_2|$）
　・・・・・・・

あとは、コピー機能を使うだけです。

　過去に向けた計算は次のようにします。

1．計算は、$\theta = 90° - \Delta\theta_{90}$ まで続けます。
2．これに要する時間は、1億年単位で次の値になります。
　　M_1；-26.3、　M_2；-22.7、　M_3；-19.0、　M_4；-9.70、M_5；-8.78
3．この時刻に到達したら、$\theta = 90° - \Delta\theta_{90}$ から $\theta = 90° + \Delta\theta_{90}$ へジャンプします。
4．その後、計算は180°へ向けて $\theta = 180° - \Delta\theta_{180}$ まで続けます（$\Delta\theta_{180}$ は適当な微少量）。
5．46億年（地球年齢）までさかのぼるときの地軸の傾斜角度 θ は、次の値に該当します。

M_1；95.1°、M_2；160.7°、M_3；179.4°、M_4；179.99992°、M_5；179.99997°

6．また、$\theta=179.0°$に至る時間は、1億年単位で以下となります。

M_1；-59.6、M_2；-52.3、M_3；-44.8、M_4；-26.1、M_5；-24.3

　ここでは、月による潮汐摩擦の効果は考慮していません。潮汐摩擦は、地球の自転をスローダウンさせる効果をもたらします。定性的には、過去にさかのぼるにつれ自転が速まり（ωの値が大きくなり）、したがって逆転速度が低下する（$\dot{\theta}$の値が小さい）ので、逆転時間を引き延ばすことになります。これは、46億年昔のθは上の値より小さかったことに相当します。こういった検討も、人工衛星内実験が成功したあとの課題となります。

　計算結果をグラフ化したのが、第2章の図8です。逆行領域$90°<\theta<180°$において、グラフの形は同じで、時間軸に沿って互いに平行です。時間のずれは、最大でM_1からM_5まで、35.2億年あります。また、現在の$\theta=23.45°$から、未来に向かっては、$\theta=0.5°$までが8.2億年、$\theta=0.1°$までが11.6億年となります。180°近辺から0°当たりまでの大まかな逆転時間は、60億年前後になります。また、グラフからは、$\theta=180°$、90°、0°の3カ所が安定領域であるとわかります。また、スノーボールアース説や地軸大傾斜説に関連する問題として、横倒し状態の際の検討があります。80°と100°の間の時間間隔は、1億年単位で

M_1：42.0、M_2：34.8、M_3：27.3、M_4：8.6、M_5：6.8

と算出されます。これらの期間は、低緯度凍結には都合がよかったと推測されます。

　公転ジャイロ効果を地球規模コマに適用すると、地球年齢と同じオーダーの逆転時間が出てきますし、また、横倒し期間が長く続き、低緯度凍結に好都合な状況が生まれます。しかし、現段階ではあくまでも仮説です。この仮説が人工衛星内の実験で予言する図7の証明が待たれます。実験が成功すれば、タイムスケールがはるかに違うとはいえ、原理的には図8が成り立ちます。そこからは、はるかな展望が開けます。著者は、この実験の実施を熱望して止みません。いつの日か、この実験が実施されることを楽しみにしております。頼りは、唯一人類の好奇心です。

付録 I 寺石良弘による地軸逆転論に関する手書き論文の目次

太陽系発展論、地質学及び生物学に関する綜合　（1954 年）18)
寺石良弘

目次
(1) 今日の太陽系の状態から推測されること
(2) 太陽系発展論
 (a) 星雲時代
 (b) 惑星の自転軸の傾斜の可能性について
 (c) 衛星の軌道の傾斜の整頓
(3) 地質時代の気候論
 (a) 地質時代の気候について
  地質時代の季節変化について、地質時代の乾燥と湿潤について、これまでの気候論の批判
 (b) 洪積世氷河時代
  その説明、これまでの氷河説の批判、間氷期の問題について
(4) 生物学における新しい法則
(5) 生物進化過程の説明
 (a) 生物は季節変化の増大に適応する方向に進化した
  魚類、陸上脊椎動物、植物
 (b) 生物は両半球の高緯度で進化し後低緯度に移行した
  その説明とそれに関する参考資料
 (c) 進化諸法則の説明
  時代の法則、躯体大化の法則、系統進化及び定方向進化、進化論の整頓

(6) 本説と大陸移動説との関係
　(a) 本説から見て誤っていると思われる点
　(b) 本説と一致する点
(7) 惑星はいかにして傾斜が変化したか
　(a) 保有エネルギーを消失する方式
　(b) 太陽及び月の潮汐摩擦による方式
(8) 諸惑星の傾斜の変化について（特に地球について）
(9) 今日地球の傾斜は減少しているか
(10) 月はいつ逆から順へ移行したか
(11) (a) 銀河系における局部恒星系の傾斜
　(b) 月が地球に同じ面のみを向けていること
(12) 論文後記
(13) 帰納的綜合問題の本質及び取り扱い方

著者注：

　1930 年、病気のため京都帝国大学理学部物理学科を中退して帰郷した寺石良弘が、高知県立高知丸の内高校教諭時代に書いた B4 版・30 頁にわたるがり版刷りの未公表論文の目次です。当時の古いデータに基づいた論点もあるとはいえ[1]、地軸逆転論提唱者がこの仮説に込めた強い思いが伝わってきます。

　戦後の混乱からの脱出期であったことや内容の斬新さが災いしたものか、全貌が論文雑誌に公表される機会もなく[2]、寺石は翌 1955 年、52 歳で夭折しました。この論文の別刷りは 50 数名の専門家に送られた形跡があり、そのうちの 1 部が熊本県立図書館に所蔵されたと思われます。送付先の専門家の 1 人に、著者の大学院時代の指導教官の名前が見られますが、当時、この説を教官の口から語られるのを聞くことはありませんでした。後世の我々には、内容の細部を云々することよりも、思想の大きな流れを感じ取り、今後に生かすことの方に意義があるように思われます[3]。

[1] 例えば、海王星の自転軸傾斜角が 151° から 29° への変化の行き来があり、つまり、180° 逆向きとなった自転軸反転のいきさつがあり、前者（151°）を採用していますが、2012 年『理科年表』では後者（27.8°）となっています。

2) 部分的には、「生物進化過程より見た地球の歴史」、鑛物と地質 **10 集**、158-164（1949）．に掲載されています。
3) 寺石は、同説のアイデアの源泉は松澤武雄博士（元東大教授で寺田寅彦の弟子でもある）にあり、その見解を継承するものだと明記しています。

付録 II　シューラー周期
（84 分 ——大地のゆりかご——）

　振り子の等時性は、16 世紀イタリアのガリレオ・ガリレイの発見として有名です。教会の天井からぶら下がったランプは、その揺れ幅の大小に関係なく、同じ時間で往復することに気付いたことが発見のきっかけとされています。振り子の振動周期は、振り子の長さのみで決まるという洞察です。

（1）振り子の周期
いまでは、高校の物理の教科書にも、導き方が載っています。答は、

$$T = 2\pi\sqrt{\frac{l}{g}}$$

です。ここで、T[s]（s は秒）は周期、l[m]（m はメートル）は振り子の長さ、$g = 9.8 \mathrm{m/s^2}$は重力加速度を表しています。ここで、g は地表での値ですから、地球の質量 M、地球の半径 R を使って書き直せます。質量 m の物体が、地表で地球から受ける重力に等しいので、

$$mg = \frac{GMm}{R^2}, \quad \text{すなわち、} \quad g = \frac{GM}{R^2}$$

が得られます。ここで、R として、赤道半径 $R = 6.38 \times 10^6$ m を用いると、

$$g = \frac{GM}{R^2} = \frac{6.67 \times 10^{-11} \frac{\mathrm{m}^3}{\mathrm{kg \cdot s^2}} \times 5.97 \times 10^{24}\,\mathrm{kg}}{(6.38 \times 10^6\,\mathrm{m})^2} = 9.78 \frac{\mathrm{m}}{\mathrm{s}^2}$$

が導かれます。地球が赤道で膨らんでいること、自転による遠心力、地形の影響など、現実の地球の状態を考慮すると、実測値 g は若干異なってきます（主として緯度による）。ここでは、緯度45°あたりの標準値である

$$g = 9.81 \frac{\mathrm{m}}{\mathrm{s}^2} (= 9.80665 \frac{\mathrm{m}}{\mathrm{s}^2}) \quad (1901\,\text{年国際度量衡総会})$$

を採用します。振り子の長さ l が地球半径 R に等しいときは、$l = R$ を代入して、

$$T = 2\pi \sqrt{\frac{R}{g}} = 2\pi \sqrt{\frac{6.38 \times 10^6\,\mathrm{m}}{9.81 \frac{\mathrm{m}}{\mathrm{s}^2}}} = 5067\,\mathrm{s} = 84.45\,\mathrm{min}$$

約84分という周期が得られます。この周期の振動を与えると、ジャイロコンパスの動きは、誤差が少なく落ち着くということを、シューラーが発見したことにより、その名が冠せられています。20世紀初頭のことです。

（2）人工衛星の周期

質量 m の人工衛星が、万有引力により、地球（質量 $M \gg m$）を中心に半径 R の円軌道を角速度 Ω で運動している場合を考えます。万有引力と遠心力の釣り合いから、

$$\frac{GMm}{R^2} = mR\Omega^2$$

が成り立ちます。これから

$$\Omega = \sqrt{\frac{GM}{R^3}} = \sqrt{\frac{g}{R}}$$

が得られ、円周 $2\pi R$ を周辺速度 $V = \Omega R$ で一周するのに要する時間 T (周期)は、

$$T = \frac{2\pi R}{V} = \frac{2\pi R}{\Omega R} = \frac{2\pi}{\Omega} = 2\pi \sqrt{\frac{R}{g}}$$

と（1）の結果と同じになります。

（3）地球直径を貫く穴を落下する物体の往復運動周期

　力学の演習問題です。地球を一様密度とし、その直径に穴を貫き、その中に物体を落とすと、物体は地球引力に引かれてどのような運動をするか。解は文献 9)を参照して下さい。（1）、（2）と同じ周期で、地球直径を往復運動します。

付録 III　第 4 章の数学的補足

（補足の該当場所を明示するため、第 4 章の節番号を継続使用します）

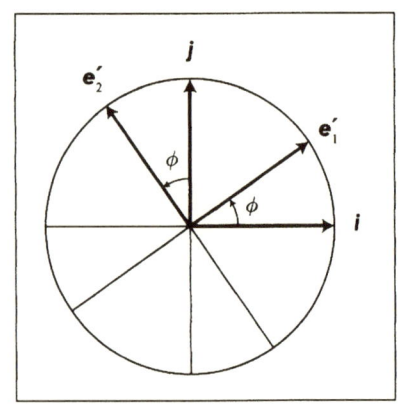

4.6　座標変換表：3 つの座標系 $(\mathbf{i}, \mathbf{j}, \mathbf{k})$、$(\mathbf{e}'_1, \mathbf{e}'_2, \mathbf{e}'_3)$、$(\mathbf{e}_1, \mathbf{e}_2, \mathbf{e}_3)$ の関係

本書での座標系は図 18 に示す、不動の空間座標系 $(\mathbf{i}, \mathbf{j}, \mathbf{k})$、これを $\mathbf{k}$ 軸まわりに角 ϕ 回した座標系 $(\mathbf{e}'_1, \mathbf{e}'_2, \mathbf{e}'_3)$、これを $\mathbf{e}'_2$ 軸まわりに角 θ 回した座標系 $(\mathbf{e}_1, \mathbf{e}_2, \mathbf{e}_3)$ の 3 つです。3 つ目 $(\mathbf{e}_1, \mathbf{e}_2, \mathbf{e}_3)$ は歳差章動系と称し、第 6 章で自転軸 $\mathbf{e}_3$ の運動を論じる準拠系として使います。これらの間の変換について述べます。内容は、高校数学の回転移動に相当します。

(1)　$(\mathbf{i}, \mathbf{j}, \mathbf{k})$ から $(\mathbf{e}'_1, \mathbf{e}'_2, \mathbf{e}'_3)$ への変換

この変換は、$\mathbf{k}$ 軸まわりに角度 ϕ 回転する変換なので、$\mathbf{k} = \mathbf{e}'_3$ が成立し変化はありません。$(\mathbf{i}, \mathbf{j})$ と $(\mathbf{e}'_1, \mathbf{e}'_2)$ の変換を求めます。図 41 で、$(\mathbf{e}'_1, \mathbf{e}'_2)$ の $\mathbf{i}$ 成分は $\mathbf{e}'_1 \cos\phi$ と $-\mathbf{e}'_2 \sin\phi$ の 2 つなので、

$$\mathbf{i} = \cos\phi \, \mathbf{e}'_1 - \sin\phi \, \mathbf{e}'_2$$

となります。また、$(\mathbf{e}'_1, \mathbf{e}'_2)$ の $\mathbf{j}$ 成分は、$\mathbf{e}'_1 \sin\phi$ と $\mathbf{e}'_2 \cos\phi$ の 2 つであるため、

$$\mathbf{j} = \sin\phi \, \mathbf{e}'_1 + \cos\phi \, \mathbf{e}'_2$$

となり、行列要素の形に並べると表 1 が得られます。この表は、縦に要素と $\mathbf{e}'_1, \mathbf{e}'_2$ をそれぞれ掛けて足せば、上の 2 式となり、

図 41　$(\mathbf{i}, \mathbf{j}, \mathbf{k})$ 系を $\mathbf{k}$ 軸回りに角 ϕ 回すと $(\mathbf{e}'_1, \mathbf{e}'_2, \mathbf{e}'_3)$ 系になる

横に要素と $\mathbf{i}, \mathbf{j}$ を掛けて足せば、逆変換

$$\mathbf{e}'_1 = \cos\phi\,\mathbf{i} + \sin\phi\,\mathbf{j}$$
$$\mathbf{e}'_2 = -\sin\phi\,\mathbf{i} + \cos\phi\,\mathbf{j}$$

が得られ、図 41 でその成立が確認できます。

(2) $(\mathbf{e}'_1, \mathbf{e}'_2, \mathbf{e}'_3)$ から $(\mathbf{e}_1, \mathbf{e}_2, \mathbf{e}_3)$ への変換

この変換は、$\mathbf{e}'_2$ 軸まわりに角度 θ 回転する変換であるため、$\mathbf{e}'_2 = \mathbf{e}_2$ が成り立ちます。(1)と同様な図をかけば、$(\mathbf{e}'_1, \mathbf{e}'_3)$ と $(\mathbf{e}_1, \mathbf{e}_3)$ の座標変換を表す表 2 が得られます。

(3) $(\mathbf{i}, \mathbf{j}, \mathbf{k})$ から $(\mathbf{e}_1, \mathbf{e}_2, \mathbf{e}_3)$ への変換

これは、上の(1)と(2)から $(\mathbf{e}'_1, \mathbf{e}'_2, \mathbf{e}'_3)$ を消去すれば、2つの関係を示す表 3 が得られます。表は、縦にみてそれぞれの要素と $\mathbf{e}_1, \mathbf{e}_2, \mathbf{e}_3$ を掛けて足し合わせると $\mathbf{i}, \mathbf{j}, \mathbf{k}$ が得られ、横にみて各要素と $\mathbf{i}, \mathbf{j}, \mathbf{k}$ とを掛けて足し合わせるとその逆変換 $\mathbf{e}_1, \mathbf{e}_2, \mathbf{e}_3$ が得られます。

なお、表 1、表 2、表 3 を行列要素に見立てると、直交変換が確認できます。同じ行（列）の要素を 2 乗して加算すると 1 になり、異なる行（列）の要素をかけて加算すると 0 になり、また行列式は 1 になります。表を参照すれば、変換は楽に行えます。

表 1　$(\mathbf{i}, \mathbf{j}, \mathbf{k})$ 系と $(\mathbf{e}'_1, \mathbf{e}'_2, \mathbf{e}'_3)$ 系の変換表

	$\mathbf{i}$	$\mathbf{j}$	$\mathbf{k}$
$\mathbf{e}'_1$	$\cos\phi$	$\sin\phi$	0
$\mathbf{e}'_2$	$-\sin\phi$	$\cos\phi$	0
$\mathbf{e}'_3$	0	0	1

表2　$(\mathbf{e}_1', \mathbf{e}_2', \mathbf{e}_3')$ と $(\mathbf{e}_1, \mathbf{e}_2, \mathbf{e}_3)$ 系の変換表

	$\mathbf{e}_1'$	$\mathbf{e}_2'$	$\mathbf{e}_3'$
$\mathbf{e}_1$	$\cos\theta$	0	$-\sin\theta$
$\mathbf{e}_2$	0	1	0
$\mathbf{e}_3$	$\sin\theta$	0	$\cos\theta$

表3　$(\mathbf{i}, \mathbf{j}, \mathbf{k})$ 系と $(\mathbf{e}_1, \mathbf{e}_2, \mathbf{e}_3)$ 系の変換表

	$\mathbf{i}$	$\mathbf{j}$	$\mathbf{k}$
$\mathbf{e}_1$	$\cos\phi\cos\theta$	$\sin\phi\cos\theta$	$-\sin\theta$
$\mathbf{e}_2$	$-\sin\phi$	$\cos\phi$	0
$\mathbf{e}_3$	$\cos\phi\sin\theta$	$\sin\phi\sin\theta$	$\cos\theta$

4.7　回転によるベクトルの時間変化

高校物理で、等速円運動を習います。ベクトル $\mathbf{r}$ が角速度 $\mathbf{\Omega}$ で円運動するとき、速度 $\mathbf{v}$ は円の接線方向に向かい、加速度は円の中心に向かいます（付録V6.5-2節）。これは、図42で速度 $\mathbf{v}$ は角速度 $\mathbf{\Omega}$ の矢先が $\mathbf{r}$ の矢先に向かうことから、

$$\mathbf{v} = \frac{d\mathbf{r}}{dt} = \mathbf{\Omega} \times \mathbf{r} \tag{47.1}$$

で表され、この式は、等速円運動に限らず瞬間的に成立する一般式として知られています。

さらに、ベクトルの分野では、一般のベクトル $\mathbf{A}$ の時間変化も、

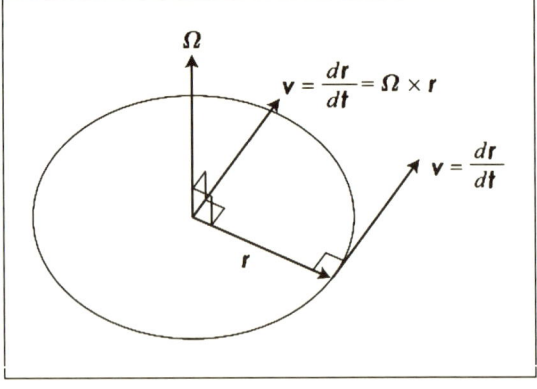

図42　等速円運動においては、$\mathbf{v} = \dfrac{d\mathbf{r}}{dt} = \mathbf{\Omega} \times \mathbf{r}$ が成り立つ：$\mathbf{\Omega}$ の矢先を $\mathbf{r}$ の矢先に右ねじ向きに回すと、$\mathbf{v}$ となる

$$\frac{d\mathbf{A}}{dt} = \boldsymbol{\Omega} \times \mathbf{A} \tag{47.2}$$

で与えられ、4.6節での歳差章動系 $(\mathbf{e}_1, \mathbf{e}_2, \mathbf{e}_3)$ が角速度 $\boldsymbol{\Omega}$ で回転するとき、時間変化は

$$\frac{d\mathbf{e}_1}{dt} = \boldsymbol{\Omega} \times \mathbf{e}_1, \quad \frac{d\mathbf{e}_2}{dt} = \boldsymbol{\Omega} \times \mathbf{e}_2, \quad \frac{d\mathbf{e}_3}{dt} = \boldsymbol{\Omega} \times \mathbf{e}_3 \tag{47.3}$$

と表せます。さらに、4.6節の自転軸 $\mathbf{e}_3$ が、$\dot{\boldsymbol{\phi}}, \dot{\boldsymbol{\theta}}$ 方向に回転するとき、その時間変化は

$$\frac{d\mathbf{e}_3}{dt} = (\dot{\boldsymbol{\phi}} + \dot{\boldsymbol{\theta}}) \times \mathbf{e}_3 \tag{47.4}$$

で与えられます。また $\mathbf{r}$ が角速度 $\dot{\boldsymbol{\phi}}$ で回転するときの時間変化も、同様に次式で表せます。

$$\frac{d\mathbf{r}}{dt} = \dot{\boldsymbol{\phi}} \times \mathbf{r}$$

一般にベクトル $\mathbf{A}$ は、$(\mathbf{e}_1, \mathbf{e}_2, \mathbf{e}_3)$ 系では、

$$\mathbf{A} = A_1 \mathbf{e}_1 + A_2 \mathbf{e}_2 + A_3 \mathbf{e}_3 \tag{47.5}$$

と書けます。慣性系 $(\mathbf{i}, \mathbf{j}, \mathbf{k})$ に対し、$(\mathbf{e}_1, \mathbf{e}_2, \mathbf{e}_3)$ 系が角速度 $\boldsymbol{\Omega}$ で回転運動するとき、

$$\frac{d\mathbf{A}}{dt} = \left(\frac{dA_1}{dt}\mathbf{e}_1 + \frac{dA_2}{dt}\mathbf{e}_2 + \frac{dA_3}{dt}\mathbf{e}_3\right) + \left(A_1 \frac{d\mathbf{e}_1}{dt} + A_2 \frac{d\mathbf{e}_2}{dt} + A_3 \frac{d\mathbf{e}_3}{dt}\right) \tag{47.6}$$

が、2つの系での **A** の時間変化の関係となります。$(\mathbf{e}_1, \mathbf{e}_2, \mathbf{e}_3)$ 系における **A** の時間変化を

$$\frac{\delta \mathbf{A}}{\delta t} = \frac{dA_1}{dt}\mathbf{e}_1 + \frac{dA_2}{dt}\mathbf{e}_2 + \frac{dA_3}{dt}\mathbf{e}_3 \tag{47.7}$$

と書くことにします。式(47.6)は、(47.3)、(47.7)から、

$$\frac{d\mathbf{A}}{dt} = \frac{\delta \mathbf{A}}{\delta t} + (A_1 \boldsymbol{\Omega} \times \mathbf{e}_1 + A_2 \boldsymbol{\Omega} \times \mathbf{e}_2 + A_3 \boldsymbol{\Omega} \times \mathbf{e}_3)$$

$$\frac{d\mathbf{A}}{dt} = \frac{\delta \mathbf{A}}{\delta t} + \boldsymbol{\Omega} \times \mathbf{A} \tag{47.8}$$

と書けます。これは慣性系での時間微分 $d\mathbf{A}/dt$ は、$(\mathbf{e}_1, \mathbf{e}_2, \mathbf{e}_3)$ 系における時間変化 $\delta \mathbf{A}/\delta t$ と $(\mathbf{e}_1, \mathbf{e}_2, \mathbf{e}_3)$ 系が慣性系に対して回転する $\boldsymbol{\Omega} \times \mathbf{A}$ から成ることを表します 22)。これは、ジャイロ、人工衛星、地球の角運動量 **L** が $\dot{\boldsymbol{\phi}} + \dot{\boldsymbol{\theta}}$ の回転運動をするとき、(47.2)が

$$\frac{d\mathbf{L}}{dt} = (\dot{\boldsymbol{\phi}} + \dot{\boldsymbol{\theta}}) \times \mathbf{L} \tag{47.9}$$

に相当することを示す際に使います。

付録 IV　第 5 章の数学的補足
——慣性モーメント、運動方程式とジャイロ効果——
(補足の該当場所を明示するため、5 章の節番号を継続使用します)

5.1-1　回転体の慣性モーメント

　本文 5.1 節で、実際に回転体の回転運動を定量的に議論する場合には、慣性モーメント (I) の値が問題になると述べました。では、具体的な回転体について、慣性モーメントはどのように求められるでしょうか？
　この問に答える前に、まず、慣性モーメントとはどのような量かを、もう少し踏み込んで考えてみましょう。5.1 節では、慣性モーメントは回転体の「回転させにくさ」の目安だと述べました。しかしこれは、回転体を静止状態から回転させ始めるとか、回転速度を上げる場合の話です。では、回転している回転体の回転速度を落としたり、回転を止めたりする場合については、どう解釈したらいいでしょうか？　そのような場合については、「回転の減速させにくさ」や「回転の止めにくさ」の目安とみることができます。
　身近な例で考えてみます。串刺しのたこ焼きです。竹串はたこ焼きの中心を貫いて刺さっているとします。このたこ焼きを軸に回転させましょう。中にタコの身もネギ・紅生姜などの具も入っていない、小麦粉だけで作った均質な球状の"にせたこ焼き"の場合には、球の中心を外さない限り、どの方向から串を刺しても回しにくさ（つまり慣性モーメント）に差はありません。このような物体は「球対称である」といいます。
　では、同じ種類の、同じ量で作った、厚みのある、堅焼きパンケーキのような円盤状物体の場合はどうでしょう？　竹串の刺し方として、図 43 の(1)、(2)、(3)の 3 通りを考えます。(1)は、竹串が円盤の中心を垂直に貫いた状態、(2)は、竹串が円盤の重心を斜めに刺し貫いた状態、(3)は、竹串が円盤の重心を通り円

盤面に平行に刺し貫いた状態を、表しています。実際に回してみると予想通り、これらの回転体の回転させやすさは、(3) → (2) → (1)の順になり、当然ながら慣性モーメントの値もこの順序に大きくなります。

　天下り的に示しますが、いま見た円盤状の物体の場合、(1)の慣性モーメントをC、(3)のそれをAとし、かつ円盤の半径に対して厚さが無視できると仮定するとき、そう難しくない数学的取り扱いで、CとAとの間に

$$C = 2A$$

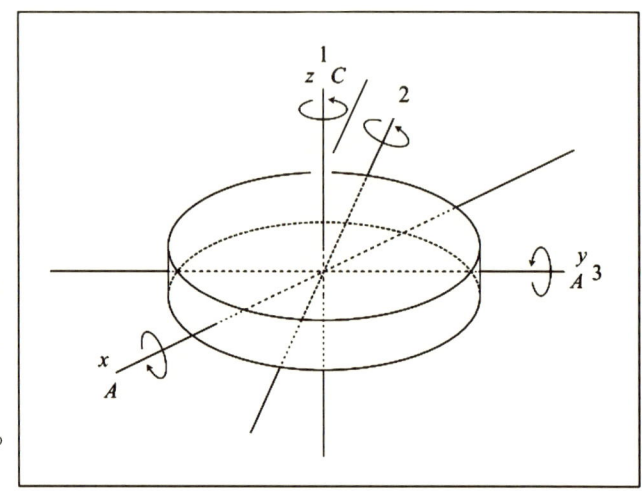

図43　円板の慣性モーメント
z軸まわりCが最大（回しにくい）；x, y軸まわりAが最小（回しやすい）；斜めはその中間

の関係があることが示せます。つまり、(3)の軸まわりは、(1)の軸まわりよりも2倍回しやすいことになります。また、容易に想像がつく通り、(2)の軸まわりの回しやすさは (1)と(3)の間にきます。具体的には、軸の傾き角度によります。いまの例からわかる通り、材質の重さが同じでも、形や寸法、回転軸をどれにするかにより慣性モーメントは異なります。

慣性モーメントの由来

　回転軸から距離r離れている質点（質量m）を、角速度ωで回転させる場合を取り上げます（図44）。このとき、周辺速度、角運動量は、大きさが、

付録IV　第5章の数学的補足

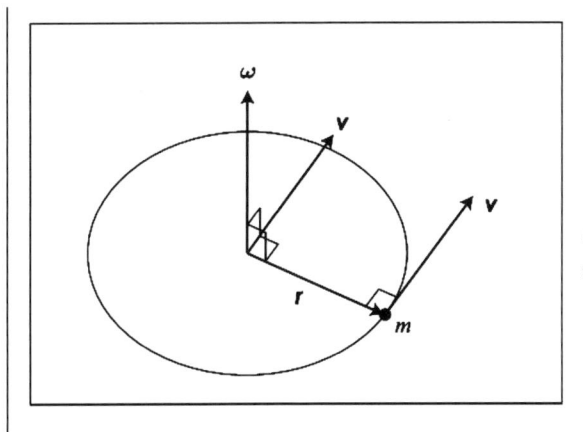

図44 質量mの質点が、半径r・角速度ω・速度vで等速円運動している：ベクトルでは、
　周辺速度；$\mathbf{v} = \boldsymbol{\omega} \times \mathbf{r}$
　角運動量；$\mathbf{L} = \mathbf{r} \times m\mathbf{v}$
と表される

$$v = \omega r \quad (\mathbf{v} = \boldsymbol{\omega} \times \mathbf{r})$$
$$L = r \times mv = mr^2 \omega = I\omega \quad (\mathbf{L} = \mathbf{r} \times m\mathbf{v})$$

で与えられます（カッコ内はベクトル式）。この式中に現れる量

$$I = mr^2$$

を、その軸まわりの慣性モーメントとよびます、つまり、軸からの距離の2乗に質量を掛けた量が回転しやすさ・しにくさを表します。

　質量集合の回転体では、軸からの距離とそこの質量分布を考慮して足し合わせます。したがって、同じ形でもどこを回転軸に選ぶかにより、この慣性モーメントは変わってきます。つまり、軸からの質量分布を考慮して、足し合わせる積分計算が必要になります。

　そこで、「本書が取り上げる回転体はどのようなものか？」が問題です。具体的には、
　　車輪
　　ジャイロスコープ
　　人工衛星
　　地球

の4種類に絞られます。

　これらの回転体は、数学的取り扱いを簡単にするために、自転軸まわりの質量の分布が均質（回転対称）で、しかも重心を通り水平な断面（赤道面）で分けた上下の部分が、うりふたつの形（逆立ち；鏡映対称）をしていると仮定します。

　さて、そうした4種類の回転対称な回転体の慣性モーメントは、回転体の軸まわりの質量分布（均質な回転体なら形状といえます）が決まれば、比較的簡単な数学で求めることができます9)。ただここではその手続きに踏み込まず、取り上げる慣性モーメントはそれぞれの回転体につき、本書で必要とする範囲に限定します。

　具体的には、図43におけるz軸（回転対称軸）まわりの慣性モーメントC、それに垂直な円盤面上の互いに垂直で重心を通るx軸、y軸まわりの慣性モーメントA、およびCとAの値から求められる（力学的扁平率とよばれる）

$$(C-A)/C = 1 - A/C$$

だけを示します。これらは後の章で、各回転体のジャイロ効果の計算に必要になります。

（1）ドーナツ（リング）の場合

　先に4種類の回転体の筆頭に車輪を挙げましたが、これを中身のつまったドーナツとみます。しかも、ドーナツの半径（a）に比べて、ドーナツの太さは無視できるものとします。いわば、針金でつくった半径の大きなリングと考えて下さい。リングの質量（M）は大部分がドーナツに集まり、リングの中心とドーナツ本体をつなぐスポークは、質量が無視できると仮定しますと、

$$C = Ma^2$$
$$A = (1/2)Ma^2$$
$$(C-A)/C = 1/2$$

で表されます。

（２）円盤の場合

ジャイロのコマの部分、円盤型の人工衛星の場合のモデルとして

$$C = (1/2)Ma^2$$
$$A = (1/4)Ma^2$$
$$(C-A)/C = 1/2$$

を用います。

（３）地球の場合

$$C = (2/5)Ma^2$$
$$A = (1/5)M(a^2 + b^2)$$
$$(C-A)/C = (1/2)[(a+b)/a](1-b/a)$$

となります。ここで、a, bは次の通りです。球を上下につぶした形（回転楕円体）とみなします。上から見ると形は円で、その半径を赤道半径といい、aで表します。また、北極と南極を含む平面（子午面）で地球を断ちわったときの断面（楕円）を考えるとき、この楕円の長軸の半分（＝長半径）がaに等しく、短軸の半分（＝短半径）は極半径といいbで表します。

最後の式の値は、本書で最終目的にしている地軸の運動（歳差、章動、逆転）を算出する際（第9章）、必要になります。この式に登場する

$$\varepsilon = 1 - b/a$$

は扁率とか扁平率とかいわれる値で、式の形からわかる通り、その楕円が円からどのくらいつぶれているかの目安となる値といえます。例えば、円の場合は

$$b = a$$
$$\varepsilon = 0$$

となり、それに対して、ミカン状で短半径が長半径の半分程度の場合は、

$$b = (1/2)a$$
$$\varepsilon = 1/2$$

の値になります。

　ここで少々横道にそれますが、次の近似が成り立つ場合

$$\varepsilon \ll 1$$
$$\varepsilon^2 \approx 0$$

そのεの仮定の範囲では、物理量を幾何学量で書き表すと、

$$(C-A)/C = (1/2)(2-\varepsilon)\varepsilon \cong \varepsilon = (a-b)/a$$

になります。地球の$(C-A)/C$は、測量から得られる扁平率から大体の値が分かります。

　近代力学の父であるI. ニュートンは、地球が均質であるという仮定のもとに

$$(C-A)/C = 1/230$$

という値を得ていました。しかし、地球の内部構造や組成について何の知識もなかった時代のこと、この値はまったく机上の論理から得られたものであり、科学史的意義の大きさはともかく、これをそのまま実際の地球に適用できるわけではありません。

　下って19世紀末、フランスの天文学者 F. F. ティスラン（François Félix Tisserand）は、

$$(C-A)/C = 1/305.6$$

を地球に関する観測値に合致するよう逆算し、数学者J. B. スカーバラ（James B.

Scarborough）が、その著書 *The Gyroscope* 56)で採用することになります。

今日の $(C-A)/C$ について見てみましょう。2012年版『理科年表』の記載、

$a \cong 6378.137$ km
$b \cong 6356.752$ km
$\varepsilon = 1/298.25722$

から、地球に関する限り、私たちはどうやら

$(C-A)/C \sim 1/300$

のあたりとみて差し支えなさそうです。

　少々話がそれますが、先ほどのスカーバラによる $(C-A)/C$ に関する議論と関係する興味深い話題があります。恒星進化の研究で1983年にノーベル物理学賞を受賞したインド出身の天体物理学の大家、S. チャンドラセカール（Subrahmanyan Chandrasekhar）が関わる話です。チャンドラセカールは生前ニュートンの『プリンキピア（自然哲学の数学的諸原理）』を解説した『プリンキピア講義』57)という著書をものしています。

　その中でチャンドラセカールは、歳差運動を計算する現代版として、スカーバラの議論を採用しています。地球の歳差運動は、観測的には春分点、秋分点の黄道上の移動に相当します（9.2節）が、観測値である年間 −50 秒角に非常に近い値が得られることを紹介しています。その理由としてチャンドラセカールは、$(C-A)/C$ の値として、スカーバラがティスランの値 1/305.6 を採用したことを挙げています。

　『プリンキピア講義』には、回転体の慣性モーメント「C」および「A」と、楕円の扁平率「ε」との間の関係を論じているほか、観測値に合わせる筋道を示して見せたり、そうした場面に立ち向かう際のニュートンの対処法を解説しています。『プリンキピア講義』には、「一般読者のために」という言葉が添えられています。専門家でない普通の読者に、『プリンキピア』を身近に感じてもらいたいというチャンドラセカールの、読者への心遣いが感じられます。上記のさまざまな解説は、そうした心遣いの現れともいえます。

科学者の度量と歴史の審判

　青年時代、英国へ留学したチャンドラセカールは、核融合反応を終えた星の終末期を研究していて、重力収縮する星の質量を支える電子レベルの圧力の研究から、白色矮星として存在できる質量の上限値を求めました。この上限質量は、今日「チャンドラセカール限界」と呼ばれています。

　ところがチャンドラセカール青年は、ほかでもないこの発見により、皮肉にもかえって辛酸をなめることになりました。1935年、この問題をめぐり英王立天文協会の席で、英国の天体物理学の大御所だった A. S. エディントン卿（Sir Arthur Stanley Eddington）と論争を繰り広げることとなり、その後エディントン卿から、「チャンドラセカール限界」の存在を「完膚なきまでに拒絶」58)されることになったというのです。

　エディントン卿がチャンドラセカールに示したかたくなな姿勢の詳細（そこには、大英帝国のサーであるエディントン卿と、その帝国の植民地からやってきた若造物理学者チャンドラセカールという構図と、そうした構図がどうしても醸成してしまう人種差別とがからんでいた）については58)を参照していただくとして、チャンドラセカールはそうしたエディントン卿の仕打ちを口にすることなく、その後米国に渡って多くの業績を残すことになります。チャンドラセカールの人物の大きさをしのばせる逸話といえるでしょう。

　反面、かつての大英帝国には、エディントン卿のほかにも、真理探究の大家にはおおよそ似つかわしくない狭量な側面をのぞかせた科学者が少なからずいます。本書のまえがきにも登場した物理学者のケルビン卿（Lord Kelvin, William Thomson）と地球物理学者の H. ジェフリーズ卿（Sir Harold Jeffreys）もそうです。ここでわざわざこの二人にまで登場願ったのは、本書が目指す方向と無縁ではないからです。

　じじつ、地球年齢の見積もり59)で地質学者を圧した大家然たるケルビン卿は、少なくともこの問題に関しては、こんにち、「敗北」60)や、「悲劇」61)といった評価に甘んじなければならなくなっているのが現実です。また、志なかばでグリーンランドで客死したウェゲナーの大陸移動説に、最後まで反対したジェフリーズ卿も、後年「大陸不動説」固守62)と揶揄されるハメになりました。

　"日の没せぬ国"の三大家が、科学の裏面史で語り継がれていく人間性を垣間見るにつけ、私たちはただ困惑するばかりです。しかし、この三大家が立ちはだかった大きな壁など、難なく乗り越えてゆく歴史の雄大さが印象付けられます。

5.1-2　運動方程式とジャイロ効果

　自転軸の変化を記述する基本方程式を簡単に紹介しておきます。スタートは、ニュートンの運動方程式（第2法則）になります。これは、質点（質量m）の運動は、力 $\mathbf{F}$ の作用のもとでの速度 $\mathbf{v}$ の時間（t）変化が、

$$m\frac{d\mathbf{v}}{dt} = \mathbf{F} \quad (\mathbf{v} = \frac{d\mathbf{r}}{dt}) \tag{51.1}$$

で与えられるものです。これに、質点の角運動量 $\mathbf{L} = \mathbf{r} \times \mathbf{p} = \mathbf{r} \times m\mathbf{v}$ と外積 $\mathbf{v} \times \mathbf{v} = \mathbf{0}$ を考慮し、トルク $\mathbf{r} \times \mathbf{F} = \mathbf{N}$ を導入すると、回転運動の基本方程式

$$\frac{d\mathbf{L}}{dt} = \mathbf{N} \tag{51.2}$$

になります。この式は質点の集合体である剛体にまで適用できます。本書で扱う剛体は、すべて回転対称で、角運動量も最も簡単なケースを扱います。前節の自転軸まわりの慣性モーメント C と角速度 ω を用いて書かれる

$$\mathbf{L} = C\boldsymbol{\omega} = C\omega \mathbf{e}_3$$

を考察の対象とします。回転軸の対称点に、偶力 $\mathbf{F}$　$-\mathbf{F}$ が作用すると、その右ねじ方式でのモーメントは、回転体を回すトルクを形成します。対称点間の距離を r（偶力の腕の長さ）とすると、中心から r/2 の偶力のモーメントは、

$$(\mathbf{r}/2) \times \mathbf{F} + (-\mathbf{r}/2) \times (-\mathbf{F}) = \mathbf{r} \times \mathbf{F} = \mathbf{N}$$

となり、トルクと同じ作用をし、角運動量を変化させることができます（6.5節参照）。結局、基本方程式は、トルク $\mathbf{N}$ のもとでの角運動量 $\mathbf{L} = C\boldsymbol{\omega}$ の時間変化として、

$$C\frac{d\boldsymbol{\omega}}{dt} = \mathbf{N} \tag{51.3}$$

で与えられます。本書では簡単のため、自転角速度の大きさωは一定とするので、自転軸の方向変化（$d\mathbf{e}_3/dt$）のみが議論の対象となります。

2つの基本方程式(51.1)、(51.3)には、次の対応関係があることが参考になります。

表4

質量（m）	速度（$\mathbf{v}$）	力（$\mathbf{F}$）
慣性モーメント（C）	角速度（$\boldsymbol{\omega}$）	トルク（$\mathbf{N}$）

上の基本方程式とジャイロ効果の関連性を、形式的に述べておきます。図45は、水平に回転している自転体が、水平方向の偶力$\mathbf{F}, -\mathbf{F}$により、垂直なトルクの方向に動く場合を表しています[23)]。角運動量$\mathbf{L}$の大きさは変わらず、方向のみが$d\theta$変化すると、

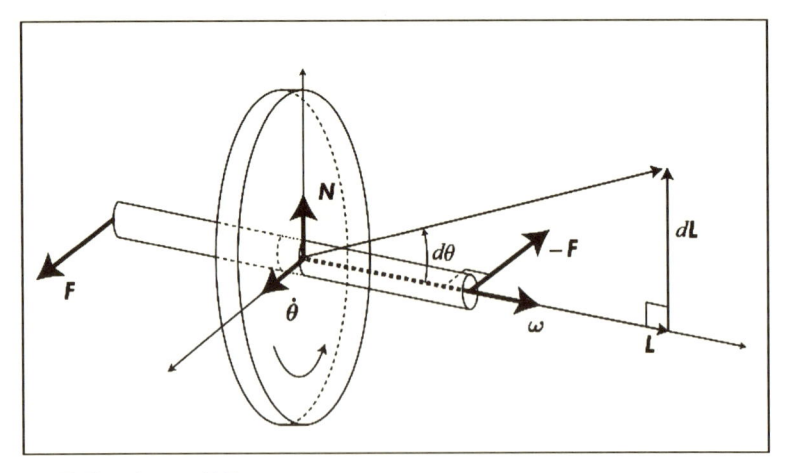

図45　ジャイロ効果
　自転角速度ωのジャイロ軸に水平な偶力$\mathbf{F}, -\mathbf{F}$が作用して、垂直方向に動き出す

付録IV　第5章の数学的補足

$$d\mathbf{L} = \mathbf{L}d\theta$$

となり、基本方程式は、次の量的関係

$$\frac{\mathbf{L}d\theta}{dt} = \mathbf{L}\dot{\theta} = \mathbf{N} \quad (\dot{\theta} = \frac{d\theta}{dt})$$

となります。さらに、方向も入れると、(47.2)、(51.2)から,次の 5.4節式(5.2)となります。

$$\dot{\boldsymbol{\theta}} \times \mathbf{L} = \mathbf{N} \quad (\frac{d\mathbf{L}}{dt} = \dot{\boldsymbol{\theta}} \times \mathbf{L}, \frac{d\mathbf{L}}{dt} = \mathbf{N})$$

（公転ジャイロ効果；$\dot{\boldsymbol{\theta}}$は垂直な歳差半円運動を表す）。これが公転ジャイロ効果を表す数式表現です。図45に即していえば、水平な角運動量 $\mathbf{L}$ を、横向きにひねる偶力が作るモーメント、垂直トルク $\mathbf{N}$ により、垂直方向に動き出す、この動き $\dot{\boldsymbol{\theta}}$ が歳差を表します。

　また、重力ジャイロ効果は、支点を支えに水平に自転している車輪（角運動量 $\mathbf{L}$）を放すと、重力 $\mathbf{F}$ と支点での抗力 $-\mathbf{F}$ が偶力を形成（図10）し（6.5節）、横に動く歳差（$\dot{\phi}$）で、数式は同じ 5.3節(5.1)（重力ジャイロ効果；$\dot{\phi}$は水平な歳差円運動を表す）

$$\dot{\boldsymbol{\phi}} \times \mathbf{L} = \mathbf{N}$$

になり向きが違うだけです。重力ジャイロ効果は多くの解説書があります。具体的な歳差の速さの問題は、そちらをご覧下さい（例21））。

付録Ⅴ 第6章の数学的補足
——公転ジャイロの逆転の力学——
（補足の該当場所を明示するため、6章の節番号を継続使用します）

6.5-1 基本方程式 ——回転座標系——

　本文中の結果に至るためには、慣性系で成り立つ運動方程式を、角速度 Ω で等速円運動する回転系に書き換える必要があります。導出過程に関心をもたれる読者用に参考までに紹介しておきますが、少々専門的な分野に踏み込みます（詳細は文献22)を参照）。

　まず、一般にベクトル $\mathbf{A}$ の時間変化について、慣性系と、それに対して角速度 Ω で回転運動する座標系（回転系）との関係は、次の式(47-8)

$$\frac{d\mathbf{A}}{dt} = \frac{\delta\mathbf{A}}{\delta t} + \Omega \times \mathbf{A}$$

でした。ジャイロを回転台の中心に置くとき、この中心に固定した慣性系に相対的にジャイロ軸の運動を論じます。付録Ⅳで出てきましたが、コマの角運動量を $\mathbf{L}$、トルクを $\mathbf{N}$ とするとき、慣性系及び公転系（角速度 Ω）での基本方程式は、それぞれ

$$\frac{d\mathbf{L}}{dt} = \mathbf{N} \tag{65.1}_1$$

$$\frac{\delta\mathbf{L}}{\delta t} + \Omega \times \mathbf{L} = \mathbf{N} \tag{65.1}_2$$

になります(d/dt は慣性系での、$\delta/\delta t$ は回転系での、それぞれ時間微分を表す)。ここで、公転に起因するトルク**N**を見出すことが最も重要な課題となります。つまり、6.3 節の軸受け摩擦モーメント $N = (2/3)\mu rW$ を、公転角速度 Ω が陽に現れるように書き直さなければなりません。

第 6 章も第 7 章も、トルク N を角速度 Ω で表す方法は、角速度 Ω 一定の回転系を利用します。図 26(a)で S_5 はジャイロの重量を支え、公転 Ω に対し摩擦モーメント N が働き、自転 O でこの軸は回転台と一緒に回ります。しかし自転があると、自転軸は、外の空間から見て水平に一定方向を保ち垂直方向の歳差を始めます。これは回転台の公転で S_5 に水平方向の偶力を生じ、その形成する垂直向きのトルクが働くことで説明がつきます。その力とトルクの大きさを求めると、円運動に特有な Ω^2 (角速度の 2 乗) のオーダーが現れます (次節)。

6.5-2　自転＝0 の場合の公転偶力

力学ではお定まりになっている簡単なモデルの解析にならいトルク**N**を求めます。それは、質量を無視できる長さ l の棒の両端に 1 つずつ質点 m を取り付けた亜鈴を、角度 θ だけ傾けて、棒の中点を回転中心として、一定角速度 Ω で回転させ続けるために必要な外力 $\mathbf{F}_{rev}$ のモーメント**N**を求める問題 22)です (図 46)。これを、亜鈴と一緒に回転する座標系を利用して導くことができます。

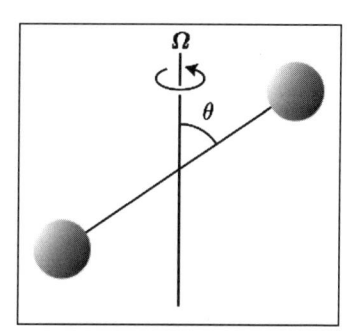

図 46 鉛直から θ (一定) 傾いた亜鈴を角速度 Ω で回す

重心を原点とする慣性系と回転系において、2 つの質量の等しい質点 1、質点 2 の運動方程式を求めます。まず質点 1 から始めます。重心からみた質点 1 の位置ベクトルを $\mathbf{r}_1$ とします。6.5-1 節の最初のベクトル式において **A** を $\mathbf{r}_1$ に書き換えると、

$$\frac{d\mathbf{r}_1}{dt} = \frac{\delta \mathbf{r}_1}{\delta t} + \Omega \times \mathbf{r}_1$$

になります。この式を時間 t でもう一度微分すると、角速度 $\Omega=$ 一定であることから、

$$\frac{d^2\mathbf{r}_1}{dt^2} = \frac{\delta^2\mathbf{r}_1}{\delta t^2} + \Omega\times(\Omega\times\mathbf{r}_1) + 2\Omega\times\frac{\delta\mathbf{r}_1}{\delta t} \tag{65.2$_1$}$$

となります。

質点 1 の運動方程式は、式(65.2)$_1$ に質量 m をかけると得られます。このとき、質点 1 の速度を

$$\mathbf{v}_1 = \frac{\delta\mathbf{r}_1}{\delta t}$$

で表すと、

$$m\frac{d^2\mathbf{r}_1}{dt^2} = m\frac{\delta^2\mathbf{r}_1}{\delta t^2} + m\Omega\times(\Omega\times\mathbf{r}_1) + 2m\Omega\times\mathbf{v}_1 = \mathbf{F}_{rev1} \tag{65.2$_2$}$$

となります。$\mathbf{F}_{rev1}$ は質点 1 を回転させ続けるのに必要な外力を意味します。この $\mathbf{F}_{rev1}$ を知りたいために、(65.2)$_2$ の真ん中の一見複雑な変形となりました。式(65.2)$_2$ の中にある項は

質点 1 に作用する遠心力（centrifugal force）：$\mathbf{F}_{cf1} = m\Omega\times(\Omega\times\mathbf{r}_1)$
質点 1 に作用するコリオリ力（Coriolis force）：$\mathbf{F}_{Cor1} = 2m\Omega\times\mathbf{v}_1$

を意味しています。ここの $\mathbf{F}_{cf1}$、$\mathbf{F}_{Cor1}$ を使って書き直しますと、式のもつ意味は同じですが、見掛けが少し簡潔にみえる

$$m\frac{d\mathbf{v}_1}{dt} = m\frac{\delta\mathbf{v}_1}{\delta t} + \mathbf{F}_{cf1} + \mathbf{F}_{Cor1} = \mathbf{F}_{rev1} \tag{65.2$_3$}$$

と変えられます。ここの遠心力 $\mathbf{F}_{cf1}$ とコリオリ力 $\mathbf{F}_{Cor1}$ の 2 つの力は、回転系に

現れる特性をもつことから慣性力ともよばれています。

質点 2 の運動方程式は、上の式の下付き文字の 1 を 2 に換えるだけで、

$$m\frac{d^2\mathbf{r}_2}{dt^2} = m\frac{\delta^2\mathbf{r}_2}{\delta t^2} + m\boldsymbol{\Omega}\times(\boldsymbol{\Omega}\times\mathbf{r}_2) + 2m\boldsymbol{\Omega}\times\mathbf{v}_2 = \mathbf{F}_{rev2} \quad (\mathbf{v}_2 = \frac{\delta\mathbf{r}_2}{\delta t}) \tag{65.2$_4$}$$

$$m\frac{d\mathbf{v}_2}{dt} = m\frac{\delta\mathbf{v}_2}{\delta t} + \mathbf{F}_{cf2} + \mathbf{F}_{Cor2} = \mathbf{F}_{rev2} \tag{65.2$_5$}$$

となります。式の各項の意味は質点 1 の場合と全く同じです。

$\mathbf{F}_{rev2}$ が質点 2 を回転させ続けるために必要な外力を表し、これが私たちが求めるものです。また、質点 1、質点 2 の運動方程式には、重力の影響はありません。重力は亜鈴の各質量が等しく互いのバランスで打ち消し合い、式には入ってきません。

回転系と亜鈴は一緒に回転するので、回転系における亜鈴の速度は $\mathbf{v}_1 = \mathbf{0}$、$\mathbf{v}_2 = \mathbf{0}$ で、これから $\mathbf{F}_{Cor1} = \mathbf{0}$、$\mathbf{F}_{Cor2} = \mathbf{0}$ となります。結局、求める外力 $\mathbf{F}_{rev1}$、$\mathbf{F}_{rev2}$ は、上の回転系を利用して、

$$\mathbf{F}_{rev1} = \mathbf{F}_{cf1}、\quad \mathbf{F}_{rev2} = \mathbf{F}_{cf2}$$

と表せます。求めたい外力 $\mathbf{F}_{rev1}$、$\mathbf{F}_{rev2}$ が慣性力 $\mathbf{F}_{cf1}$、$\mathbf{F}_{cf2}$ で表現できたのです。この遠心力 $\mathbf{F}_{cf1}$、$\mathbf{F}_{cf2}$ はコマの重心まわりのもので（6.1 節）、軌道の中心まわりの力ではありません。ちなみに後者によるトルクは 0 です 63)。これから、2 つの質点から構成される亜鈴を回転させ続けるために必要な力とトルクとして、2 つを足したものになります。つまり、

$$\mathbf{F}_{rev} = \mathbf{F}_{rev1} + \mathbf{F}_{rev2} = \boldsymbol{\Omega}\times\boldsymbol{\Omega}\times\mathbf{r}_1\ m + \boldsymbol{\Omega}\times\boldsymbol{\Omega}\times\mathbf{r}_2\ m \tag{65.3$_1$}$$

$$\mathbf{N}_{rev} = \mathbf{r}_1\times\mathbf{F}_{rev1} + \mathbf{r}_2\times\mathbf{F}_{rev2} = \mathbf{r}_1\times\boldsymbol{\Omega}\times\boldsymbol{\Omega}\times\mathbf{r}_1\ m + \mathbf{r}_2\times\boldsymbol{\Omega}\times\boldsymbol{\Omega}\times\mathbf{r}_2\ m \tag{65.3$_2$}$$

が得られます。

しかし、私たちの取り組む問題は、上記の亜鈴のモデルでいえば、棒の両端

が有限の大きさを持ち、かつ棒軸を軸に自転する亜鈴を、棒の中点を中心に公転させるのに必要なトルクを求めることです。これは、亜鈴に限らず一般の大きさを持つ剛体（天体も含む）に拡張することに相当します。つまり、2 つの質点系から連続集合体である剛体（天体）などにも使えるように上の式(65.3)$_1$、(65.3)$_2$ を書き直す必要があります。その具体的方法は 2 つの質点の足し算を積分に代えることです（本書で扱う剛体は重心に関して対称です）。式(65.3)$_1$ において $\mathbf{r}_1$ の位置にある質点 m を、$\mathbf{r}$ にある微小な質量 dm と見直しますと、

$$d\mathbf{F}_{rev} = d\mathbf{F}_{cf} = \Omega \times (\Omega \times \mathbf{r})dm \qquad (65.3)_3$$

と書けます。これは見かけ上、式(65.3)$_1$ の 2 つの中の 1 つに相当します。多くの質点から作られた剛体全体に及ぼす力を求めるには、この式を個数分加算しなければなりません。連続する剛体では、加算することを積分するといいます。しかし、今私たちが必要なのは剛体（天体）を回すトルクの方です。$\mathbf{r}$ の位置にある微小な質量 dm に作用するトルクは

$$d\mathbf{N}_{rev} = \mathbf{r} \times d\mathbf{F}_{rev}$$

と表せます。これを微小部分の dm だけでなく、剛体（天体）全体に作用するトルクを求めることが積分するという意味です。その結果は

$$\mathbf{N}_{rev} = \int \mathbf{r} \times d\mathbf{F}_{rev} = \int \mathbf{r} \times \Omega \times \Omega \times \mathbf{r} \quad dm = \Omega \times \mathbf{I} \cdot \Omega \qquad (65.3)_4$$

になります 63)、64)（ベクトルの成分を丁寧に計算するとたどり着けます）。

ここで $\mathbf{I}$ は慣性テンソルと呼ばれる量ですが、歳差章動系 $(\mathbf{e}_1, \mathbf{e}_2, \mathbf{e}_3)$ においては、慣性モーメントが $\mathbf{e}_1, \mathbf{e}_2$ 軸まわりが A、$\mathbf{e}_3$ 軸まわりが C となることから、

$$\mathbf{I} = \begin{pmatrix} A & 0 & 0 \\ 0 & A & 0 \\ 0 & 0 & C \end{pmatrix}$$

で表される行列となります。ちなみに、2質点からなる長さ l の亜鈴の場合は、$C = 0$、$A = 0.5l^2 m$ となります。対角要素のみが残り、他の要素は0になるように、この座標系（慣性主軸）を選んだ理由です。また、表3を使うと、横書きと縦書きのベクトル

$$\boldsymbol{\Omega} = \Omega \mathbf{k} = \Omega(-\sin\theta\, \mathbf{e}_1 + \cos\theta\, \mathbf{e}_3)$$

$$\boldsymbol{\Omega} = \Omega \mathbf{k} = \Omega \begin{pmatrix} -\sin\theta \\ 0 \\ \cos\theta \end{pmatrix} = \begin{pmatrix} -\Omega\sin\theta \\ 0 \\ \Omega\cos\theta \end{pmatrix} \begin{matrix} :\mathbf{e}_1 \\ :\mathbf{e}_2 \\ :\mathbf{e}_3 \end{matrix}$$

が得られます。すると、高校数学で出てくる行列計算ルール

$$\mathbf{I} \cdot \boldsymbol{\Omega} = \begin{pmatrix} I_1 & I_2 & I_3 \\ I_4 & I_5 & I_6 \\ I_7 & I_8 & I_9 \end{pmatrix} \begin{pmatrix} \Omega_1 \\ \Omega_2 \\ \Omega_3 \end{pmatrix} = \begin{pmatrix} I_1\Omega_1 + I_2\Omega_2 + I_3\Omega_3 \\ I_4\Omega_1 + I_5\Omega_2 + I_6\Omega_3 \\ I_7\Omega_1 + I_8\Omega_2 + I_9\Omega_3 \end{pmatrix}$$

が使えて、

$$\mathbf{I} \cdot \boldsymbol{\Omega} = \begin{pmatrix} A & 0 & 0 \\ 0 & A & 0 \\ 0 & 0 & C \end{pmatrix} \begin{pmatrix} -\Omega\sin\theta \\ 0 \\ \Omega\cos\theta \end{pmatrix} = \begin{pmatrix} -\Omega A\sin\theta \\ 0 \\ \Omega C\cos\theta \end{pmatrix} \begin{matrix} :\mathbf{e}_1 \\ :\mathbf{e}_2 \\ :\mathbf{e}_3 \end{matrix}$$

となります。この縦書きを横書きに戻すと

$$\mathbf{I} \cdot \boldsymbol{\Omega} = \Omega(-A\sin\theta\, \mathbf{e}_1 + C\cos\theta\, \mathbf{e}_3)$$

となり、これからトルク$(65.3)_4$を求めると、

$$\begin{aligned} \mathbf{N} = \boldsymbol{\Omega} \times \mathbf{I} \cdot \boldsymbol{\Omega} &= \Omega(-\sin\theta\, \mathbf{e}_1 + \cos\theta\, \mathbf{e}_3) \times \Omega(-A\sin\theta\, \mathbf{e}_1 + C\cos\theta\, \mathbf{e}_3) \\ &= (C - A)\Omega^2 \sin\theta \cos\theta\, \mathbf{e}_2 \end{aligned} \tag{65.4}$$

になります。ここで、$e_1 \times e_3 = -e_2$、$e_3 \times e_1 = e_2$ で、$e_1 \times e_1 = 0$、$e_3 \times e_3 = 0$ は自分の矢先を自分の矢先に向けて回すので結局動かさない 0 に相当します。これは歳差章動系での

$$\frac{d\mathbf{L}}{dt} = \frac{\delta \mathbf{L}}{\delta t} + (\dot{\boldsymbol{\phi}} + \dot{\boldsymbol{\theta}}) \times \mathbf{L} = \mathbf{N}$$

からも計算できます。

トルク(65.4)から、ジャイロ軸（今は自転 0）の対称点 $\mathbf{a}, -\mathbf{a}$ に作用する偶力 $\mathbf{F}, -\mathbf{F}$ から生じると説明する、$\mathbf{N} = 2\mathbf{a} \times \mathbf{F}$ と書くときの公転力 $|\mathbf{F}|$ を求めることができます(大きさ $2aF$ が一定なら、自転軸上の対称点 a は適当な距離でよい)。このため $\mathbf{F}$ の方向が必要です。それは、自転軸（$\mathbf{a} = a\mathbf{e}_3$、方向 $\mathbf{e}_3$）の加速度方向で、円運動の中心に向うことになり、$\ddot{\mathbf{e}}_3 \propto -\mathbf{e}'_1$ と一致することは、高校物理で習います（本節カコミ記事参照）。結局、$\mathbf{F} = -F\mathbf{e}'_1$、$-\mathbf{F} = F\mathbf{e}'_1$ が偶力となります。この偶力により、自転軸は $\mathbf{e}'_2 = \mathbf{e}_2$ という円の接線方向への公転をさせられ、付録III4.6節変換表が役に立ち、最終的に、

$$\begin{aligned}\mathbf{N} = 2\mathbf{a} \times \mathbf{F} &= 2a\mathbf{e}_3 \times (-F\mathbf{e}'_1) \\ &= -2aF\mathbf{e}_3 \times (\cos\theta \mathbf{e}_1 + \sin\theta \mathbf{e}_3) = -2aF\cos\theta \mathbf{e}_2\end{aligned} \quad (65.5)$$

が得られます。ここで、$2a\cos\theta$ は偶力の腕の長さと解釈できるし、または $F\cos\theta$ を自転軸を含む鉛直面における偶力の自転軸 $\mathbf{e}_3$ に直角な成分と解釈もできます（自転軸 $\mathbf{e}_3$ に沿う成分は効力なし）。$|(65.4)| = |(65.5)|$（$|\ |$ は各式の最終項の絶対値を意味する）から、$\mathbf{a}, -\mathbf{a}$ に作用する公転偶力の大きさが

$$|\mathbf{F}| = \frac{1}{2a}(C - A)\Omega^2 \sin\theta \quad (65.6)$$

となります。自転していてもしていなくても、この外力としての公転力は、円運動が持続する限り作用し続けると考えられます。これが軸受け摩擦と公転角速度 Ω を結びつける関係式です。

等速円運動に付きまとう本性:「角速度の2乗則」と「万有円力」について

図47(a)で、質点が半径r(m)の円を周期T(sec)で等速円運動しています。円周$2\pi r$をT時間で1周するので、質点の速さは$v=2\pi r/T$となり一定です。$360°=2\pi$ラジアンをT時間で1周するので、角速度は$\Omega=2\pi/T$となりこれも一定です。すると$v=\Omega r$と書けます。

半径が一定なので、質点は0,1,2,3,4,5,6の各通過点で外にも内にも経路を外れることができず、動ける方向は円の接線方向に限られます。速さは各点とも同じ$v=\Omega r$ですが、方向が図のように外界に対し360°変わる円運動になります。速さvが一定なので速度円を考えることができ、平行移動したのが図47(b)です。円周$2\pi v$をTで1周するので、その時間による変化率は$a=2\pi v/T$と一定で、$\Omega=2\pi/T$で書き直すと$a=\Omega v=\Omega^2 r$となり、この変化率を加速度とよびます。

各点の速度は円周を、図47(b)のように1周します。半径一定の円から各点で動ける方向はやはり接線方向に限られます。つまり、加速度は$a=\Omega^2 r$（=一

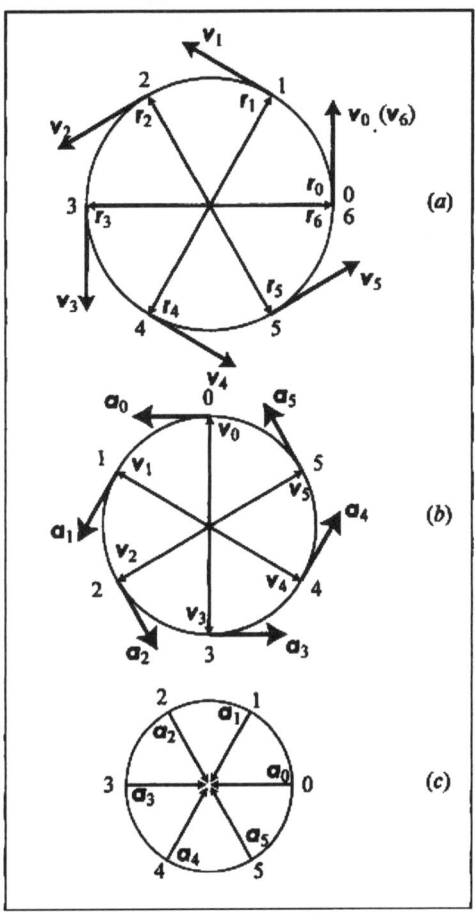

図47(a) 物体が半径rの円を速さ$v=2\pi r/T=\Omega r$で等速円運動をする

円周を0,1,2,3,4,5,6と1周するときの各点の位置と速度の方向

(b) 物体が半径vの速度円を加速度$a=2\pi v/T=\Omega^2 r$で等加速円運動をする

円周を0,1,2,3,4,5,0と1周するときの各点の速度と加速度の方向

(c) 物体は半径$a=\Omega^2 r$の加速度円を描く

最初の位置から見ると、加速度は各点において中心方向を向く

定）で、方向が外界に対し360°変化する円運動になります。それを、最初の位置で半径aの円に平行移動した図が図 47(c)です（ベクトルは平行移動可）。その方向は各点で中心向きとなります。

　この加速度aに質量mを掛けたのが力で$F = ma = m\Omega^2 r$と書けます。「角速度の2乗則」はどんな円運動にも、付いてまわるところから、「万有円力」と言っていいかもしれません。半径を一定に保つため、内向きの向心力と外向きの遠心力が、大きさが同じで向きが正反対となります。

　円運動にはいろいろなケースがあります。ひもを付けたボールやワイヤーでつないだハンマーをグルグル回す、バルーンレースや回転台で回す、惑星が太陽のまわりをグルグル回る。全ての円運動に共通することは、「角速度の2乗則」と「万有円力」という本性が付きまとうことです。

　惑星の場合、観測からケプラーの第3法則$T^2/r^3 = 1$（地球で軌道周期Tは1年、軌道の長半径rは1 天文単位）が成り立ちます。これに$T = 2\pi/\Omega$を代入して$\Omega^2 = 4\pi^2/r^3$が得られ、さらに$F = m\Omega^2 r$に代入すると$F = 4\pi^2 m/r^2$という万有引力の逆2乗則の数式が現れます。今日高校物理の内容で、「万有引力」は「万有円力」から導かれたといえます。

　本書は円運動を扱うので、力やトルクが関係するときには、この「角速度の2乗則」が必ず顔を出します。1つの単純な角速度Ωの場合は、力やトルクはΩ^2の形をとります。ところが慣性系空間に対し、2つの回転、公転Ωと歳差$\dot{\phi}$が同時進行する人工衛星や地球では、回転が$\Omega + \dot{\phi}$のベクトル和となり、力やトルクは$(\Omega + \dot{\phi})^2$の形になります（7.2節）。

6.5-3　自転≠0の場合の公転偶力

　次に、自転がある場合に移ります。ジャイロに自転が与えられると、実験では、自転軸が一定の水平方向を指します。しかし、そればかりか、次第に公転軸に向かって動き、最後は公転軸にそろったところで止まります。つまり、そこが一番安定状態ということです。この運動の公転偶力を求めます。回転台が支点S_5に作用するこの水平偶力はS_3S_4に移動でき垂直トルクを生じ、自転軸をS_3S_4軸回りに起き上がらせる運動の原因と考えられます。

　自転≠0のとき、自転軸上の対称点$\mathbf{a}, -\mathbf{a}$に作用する偶力の大きさと方向を

求めます。例えば $\mathbf{a}, -\mathbf{a}$ は、コマを赤道面で 2 分割した半体の各重心の位置ベクトルとすることもできます。重力ジャイロ効果では、コマを下に落とすのも、歳差させるのも同じ大きさの重力であり、また、力の方向は自転＝０のときの運動方向 $-\mathbf{k}$（落下する）に一致します。これが、6.4 節で述べた指導原理です。

上記指導原理を適用すると、公転ジャイロ効果では自転軸を、自転＝０なら水平面上を回転台と一体的に回転させるための力、自転≠０なら垂直方向に立ち上がらせる力も同一の力(65.6)であり、力の方向は自転＝０のときの運動方向 $\mathbf{e}_2 = \mathbf{e}'_2$（円運動の接線方向）になると考えられます。結局、指導原理は次のように整理されます。

１．力の大きさは、

$$|\mathbf{F}| = \frac{1}{2a}(C-A)\Omega^2 \sin\theta$$

で与えられる。ここで、a は自転軸の重心から対称な位置までの距離で、$\mathbf{a}, -\mathbf{a}$ に偶力 $\mathbf{F}, -\mathbf{F}$ が作用するとします。つまり、偶力の腕の長さが $2a$ ということです。中心から対称であれば a の長さは適当でよく、a が変われば $|\mathbf{F}|$ が変わり $2a|\mathbf{F}|$ は一定となります。Ω^2（角速度の 2 乗）は、円運動の力には必ず顔を出す量です（前節）。

２．力の方向は自転が０のときの自転軸の運動方向で、その先端は回転台の動きと一緒なので、円の接線方向 $\mathbf{e}'_2 = \mathbf{e}_2$ になります（台座を机上に静止させた実験では、図 28 において S_3, S_4 を指で水平に押す方向）。

これから、水平偶力と垂直トルク（偶力のモーメント）として、

$$\mathbf{F} = |\mathbf{F}|\mathbf{e}_2 = \frac{1}{2a}(C-A)\Omega^2 \sin\theta\, \mathbf{e}_2$$

$$\mathbf{N} = 2\mathbf{a} \times \mathbf{F} = 2a\mathbf{e}_3 \times \frac{1}{2a}(C-A)\Omega^2 \sin\theta\, \mathbf{e}_2 = -(C-A)\Omega^2 \sin\theta\, \mathbf{e}_1 \qquad (65.7)$$

が得られます。

6.5-4　方程式と解

さて、基本方程式(65.1)において、右辺のトルク **N** が得られたので、コマの自転軸の逆転の力学が展開できます。要点を理解するため、角運動量は自転 $\dot{\psi}=\omega$ のみによるとし、$\dot{\phi},\dot{\theta}$ からの寄与は無視します、つまり、$\omega=\dot{\psi}=$ 一定 $\gg \dot{\phi},\dot{\theta}$ とします。このとき $\mathbf{L}=C\omega\mathbf{e}_3$ と書け、自転軸 $\mathbf{e}_3$ の動きを調べます。$\mathbf{e}_3$ の運動は、$\dot{\theta},\dot{\phi}$ で記述されますから、

$$\dot{\boldsymbol{\theta}}=\dot{\theta}\mathbf{e}'_2=\dot{\theta}\mathbf{e}_2、\quad \dot{\boldsymbol{\phi}}=\dot{\phi}\mathbf{k}=\dot{\phi}\mathbf{e}'_3$$

と書け、基本関係式 $\mathbf{e}_2\times\mathbf{e}_3=\mathbf{e}_1$、$\mathbf{e}'_3\times\mathbf{e}_3=\sin\theta\,\mathbf{e}_2$（付録 III 変換表）を考慮しますと、

$$\frac{d\mathbf{e}_3}{dt}=(\dot{\boldsymbol{\theta}}+\dot{\boldsymbol{\phi}})\times\mathbf{e}_3=(\dot{\theta}\mathbf{e}_2+\dot{\phi}\mathbf{k})\times\mathbf{e}_3=\dot{\theta}\mathbf{e}_1+\dot{\phi}\sin\theta\,\mathbf{e}_2$$

となり、これから

$$\frac{d\mathbf{L}}{dt}=\frac{dC\omega\mathbf{e}_3}{dt}=C\omega\frac{d\mathbf{e}_3}{dt}=C\omega(\dot{\theta}\mathbf{e}_1+\dot{\phi}\sin\theta\,\mathbf{e}_2) \tag{65.8}$$

にたどり着きます。式(65.7)＝式(65.8)から

$$\mathbf{e}_1:\dot{\theta}=-\beta\Omega\sin\theta \tag{65.9$_1$}$$
$$\mathbf{e}_2:\dot{\phi}=0\,(\phi=\text{一定}) \tag{65.9$_2$}$$

が得られます。この中の β は公転ジャイロ効果に固有な定数、つまり

$$\beta = \frac{C-A}{C}\frac{\Omega}{\omega} \tag{65.10}$$

を表します。$\phi=$ 一定は、自転軸が外の空間に対し同一方向を指すことの説明になります。

　これらの結果が、ジャイロ効果 $\dot{\boldsymbol{\theta}}\times\mathbf{L}=\mathbf{N}$ を満たしていることを確認できますし、逆にジャイロ効果の数式から上の結果を導くこともできます（6.5 節）。また、角速度 $\boldsymbol{\Omega}=\Omega\mathbf{k}$ で円運動する乗り物に乗った観測者にとっては、式$(65.1)_2$ を用いればよく、$(65.9)_1$ は同じですが $(65.9)_2$ の代わりに次式を得ます。

$$\mathbf{e}_2:\dot{\phi}=-\Omega \quad (\phi=-\Omega t) \tag{65.9$_3$}$$

しかし、これは、図 25 で、バルーンレースなどの乗り物の観測者が見る自転軸の水平方向の円運動を説明します。

6.7　地球自転のジャイロスコープへの影響

　地球自転のジャイロへの影響を定量的に調べます。結果はすでに述べた通りで自由度 3 のジャイロには全く影響がありません。自由度 2 のジャイロは自転軸の向きが分か秒のオーダーで地軸の向き（北）にそろいます。したがって、船舶などの方向指示器となります。このとき、自転軸は「ぐずり」ますが、84 分（シューラー周期）の振動装置に入れるとぐずりは治まります。シューラー周期は、付録 II の通りです。

（1）自由度 3 のジャイロスコープ
　自転するジャイロ軸が、地表の観測者から日周運動して見える様子はフーコーの実験（1852 年）で有名です 24)。本書の理論は、それに加えて更に、南極を向いた自転軸は、地球がジャイロにとって回転台となるため、北極に向かうことを主張します。この逆転時間を、円盤・リングモデル$(C=2A)$ で、通常のコマの角速度 $\omega\sim 5\,rps$（1 秒間に 5 回転）で試算してみましょう。本文第 6 章の 6.5 節の式(6.3)から

$$\frac{2}{3}\beta = \frac{2}{3}(1-\frac{1}{2})\frac{1r/1day}{5r/\sec} = \frac{1}{3}\frac{1\sec}{5day} = \frac{1\sec}{3\times5\cdot24\cdot60\cdot60\sec} = 7.716\times10^{-7}$$

$$\langle \ddot{u} \rangle = \frac{2}{3}\beta\Omega = 7.716\cdot10^{-7}\times\frac{1r}{1day}$$

が得られます。本文 6.5 節の議論から $\theta=180°$ から $\theta=0°$ までの変化 0.5 r（半回転）を割ると、次の値の約 1800 年が算出されます。

$$0.5r \div (7.716\cdot10^{-7}r/d) = 648000 days = 1775 years$$

換言すれば、地球自転はジャイロに全く何の影響もしない。つまり、地表はジャイロにとって非常によい慣性系であるといえます。ジャイロの角速度 $\omega=432000\Omega$ (Ω は 1 日 1 回転)が速すぎて、逆転は見られません。

逆転を見たい場合は、超低速のジャイロが必要となり、$\omega=0.5$ rph$(=12\Omega)$ (1 時間で半回転)を開発できれば、計算上は約 18 日で逆転します。7.4 節で述べる時計の歯車仕掛けで可能かも知れません。しかし装置から切り離して自由度 3 のジャイロへ収め、18 日間自転を維持させなければなりません。支点の摩擦や巨大な慣性モーメントは、技術面から大きな壁のように思えます。

(2) 自由度 2 のジャイロコンパス

1.2 節で出てきましたが、自由度を 2 にしたジャイロは特にジャイロコンパスと呼ばれ、船舶の方向指示器として利用されました（図3）。自由度を 3 から 2 に変えると、自転軸の運動は一変します。実物は複雑なので、ここでは原理とタイムスケールのみ簡単に触れます。文献 65)、63)によれば、自由度 2 のジャイロの基本式は赤道において

$$A\ddot{\theta} = -C\Omega\omega\sin\theta$$

となります。ここで、Ω, ω はそれぞれ地球の自転角速度（1 日 1 回転）、ジャイロコンパスの自転角速度で、θ は南北からのずれを表す角度です。$\ddot{\theta}=d^2\theta/dt^2$ に

A がかかるのは、自転軸が平面上の東西南北方向を指す動き（回転）をするのに対し、このときの指針の回転軸が、自転軸とは垂直方向にあり、その回転軸まわりの慣性モーメントが A だからです（図3）。この式を積分すると

$$\dot{\theta} = -2\sqrt{C\Omega\omega/A}\cos(\theta/2)$$

が得られます。ただし、$\theta = \pi = 180°$ を $\dot{\theta} = 0$ のスタート時にとってあります。これまで見てきたのと同様、C, A はジャイロコンパスの構造で決まります。ここでは、オーダーを見積もるため

$$\dot{\theta} \sim \sqrt{\Omega\omega}$$

と簡単化します。南向き $\theta = 180°$ から北向き $\theta = 0°$ の 0.5r（半回転）する時間は、$T \sim 0.5(\text{r})/\dot{\theta}(\text{r/min}) = 0.5/\sqrt{\Omega\omega}\,(\text{min})$ と見積もることができます。$\Omega = 1(\text{r/day})$ に対し、ω を $360(\text{r/min})$ から $36000(\text{r/min})$ にすると、T は 1min から 0.1min、つまり、1分から6秒で南から北へ針の向きが変わります。北方向では減衰振動するようです。これがジャイロコンパスの原理で、分、秒のオーダーで針が北を指すことになります。

付録 VI　第 7 章の数学的補足
—— 人工衛星の自転軸逆転の力学 ——
（補足の該当場所を明示するため、7 章の節番号を継続使用します）

7.2-1　問題設定と基本方針

コマ（人工衛星）の軌道運動は、図 30 に示されている通りです。また、コマの自転軸 $\mathbf{e}_3$ の動きはオイラー角 (ϕ, θ)（図 18）で表現されます。その動きは、付録 V から

$$\frac{d\mathbf{e}_3}{dt} = (\dot{\boldsymbol{\theta}} + \dot{\boldsymbol{\phi}}) \times \mathbf{e}_3 = (\dot{\theta}\mathbf{e}'_2 + \dot{\phi}\mathbf{e}'_3) \times \mathbf{e}_3 = \dot{\phi}\sin\theta\,\mathbf{e}_2 + \dot{\theta}\mathbf{e}_1$$

になります。通常、$\dot{\phi}$ は歳差と、$\dot{\theta}$ は小波を打つとき章動とよばれます。しかし本書では、$\dot{\theta}$ は最も重要なひっくり返りを表し、この運動を調べることが最重要課題となります。

基本方程式は、コマの角運動量を $\mathbf{L}$、それに作用する全トルクを $\mathbf{N}$ としますと、本文 7.2 節にならって

$$\frac{d\mathbf{L}}{dt} = \mathbf{N} = \mathbf{N}_{ug} + \mathbf{N}_{rev}$$

になります（第 6 章・付録 V と同じ）。本書では、自転軸の主な動きを知るため、コマの角運動量 $\mathbf{L}$ として最も簡単な $\mathbf{L} = C\omega\mathbf{e}_3$ を採用し、第 6 章と同じ扱いとします。つまり、左辺は、式(65.8) と同じになります。

本文 7.2 節でも述べたように上述の基本方程式で、重力トルク $\mathbf{N}_{ug}$ はよく知ら

れている項で本節の最後で値を評価します。結局、残された課題は未知の項である公転トルク $\mathbf{N}_{rev}$ ただ1つとなります。回転座標系を利用して、付録Vとは別種の公転トルク（コリオリ力項に対応）が存在することを示します。公転系（Ω）において、異なる回転（$\dot{\phi}$）を続けさせるのに必要なトルクに相当します。それを、人工衛星に適用し実験的に検証できれば、その実在性が証明できるというわけです。

7.2-2　自転＝0の場合の有効トルク

付録Vでは、公転ジャイロ効果のトルク $\mathbf{N}_{rev}$ を得るため、自転0の亜鈴やジンバル内のジャイロなどに円運動をさせるのに必要なトルクを求めることから出発しました。ジャイロは軸受け摩擦により円運動を強制させられますが、それを公転角速度で表現し直すことができました。

ここでは、コマ（人工衛星）が自転0で、公転座標系（Ω）に乗ったまま、一定の傾斜角 θ を保ち、角速度 $\dot{\phi}$ の回転（$\dot{\phi} \ll \Omega$）を続けるのに必要なトルクを求める問題となります。第6章では、回転系に対するジャイロの相対運動 $\mathbf{v}$ はなく、したがってコリオリ力項の影響はありませんでした。ここでは、衛星が公転系に対し別回転するので相対運動を考慮する必要があります。

徐々に明らかになりますが、ほんのわずかずつでも一方向に動き続ける結果、累積効果により現れてくるという性質のものです。公転系に対する回転運動であるため、ニュートンの第2法則は外力を要求します。トルクを求めるにはそれを角速度で表現しておきたいのです。この力がトルクとして、コマ（人工衛星）をひねる効果を持ちます。公転の原因が万有引力による分、第6章とは結果も違ってきます。

コマ（自転0；質量m；$C>A$）が、半径 R の円軌道を角速度 Ω で、中心天体 M（質量、$M \gg m$）のまわりを公転しています（図30）。コマの微小部分質量 Δm に対しニュートンの第2法則は、

$$\Delta m \frac{d^2\mathbf{S}}{dt^2} = \Delta\mathbf{F}_{rev} + \Delta\mathbf{F}_{ug} \tag{72.1}$$

$$\Delta \mathbf{F}_{ug} = -\frac{GM\Delta m}{S^2}\frac{\mathbf{S}}{S} \tag{72.2}$$

$$\mathbf{S} = -\mathbf{R} + \mathbf{r} \tag{72.3}$$

と書けます。ここで、(72.2)は質量 M と Δm の間の万有引力を表します。また(72.3)における $\mathbf{S}, \mathbf{R}, \mathbf{r}$ は図 30 が示すとおりで、順に、M から Δm まで、コマの重心（CM）から M まで、コマの重心から Δm までの、位置ベクトルを表しています。

さて式(72.1)の中の項 $\Delta \mathbf{F}_{rev}$ は現在未知であって、公転系 Ω に対する回転運動 $\dot{\phi}$ から発生し、コマ（衛星）の微小部分に作用するはずの外力で、求める目標です。この $\Delta \mathbf{F}_{rev}$ を得るため、付録 V で紹介した回転座標系を用いた方法を使います。公転系（Ω）においては、式(72.1)は、付録 V6.5-2 節の場合と同様に、$\mathbf{r}$ を $\mathbf{S}$ に変えると

$$\Delta m \frac{d^2\mathbf{S}}{dt^2} = \Delta m \frac{\delta^2\mathbf{S}}{\delta t^2} + \Delta \mathbf{F}_{cf} + \Delta \mathbf{F}_{Cor} = \Delta \mathbf{F}_{rev} + \Delta \mathbf{F}_{ug} \tag{72.4}$$

$$\Delta \mathbf{F}_{cf} = \Delta m \boldsymbol{\Omega} \times (\boldsymbol{\Omega} \times \mathbf{S}) \tag{72.5}$$

$$\Delta \mathbf{F}_{Cor} = 2\Delta m \boldsymbol{\Omega} \times \mathbf{v} = 2\Delta m \boldsymbol{\Omega} \times (\dot{\boldsymbol{\phi}} \times \mathbf{S}) \tag{72.6}$$

となり、$\Delta \mathbf{F}_{cf}$ は遠心力、$\Delta \mathbf{F}_{Cor}$ はコリオリ力に相当します。また、$\mathbf{v} = \delta\mathbf{S}/\delta t = \delta\mathbf{r}/\delta t$（式(72.3)から $\Delta\mathbf{S} = -\Delta\mathbf{R} + \Delta\mathbf{r}$ となることから $\delta\mathbf{S}/\delta t = -\delta\mathbf{R}/\delta t + \delta\mathbf{r}/\delta t$ で、$\mathbf{R}$ が公転系に対し静止するため $\delta\mathbf{R}/\delta t = \mathbf{0}$ が成立することから $\mathbf{v}$ の式がこのようになる）は、公転系に対し回転運動する場合を想定しています。亜鈴やジャイロでは 6.5-2 節で見た通り、回転体内の釣り合いから重力効果はなく、$\Delta \mathbf{F}_{ug} = \mathbf{0}$ で済みました。しかし、重力で円運動するコマの場合はそうはならず、歳差が引き起こされます。著者は、この $\Delta \mathbf{F}_{ug}$ が強制する歳差円運動 $\mathbf{v} = \dot{\boldsymbol{\phi}} \times \mathbf{r}$ の存在が、公転ジャイロ効果の原因と考えます（7.2 節 $\dot{\phi}$ と Ω の異なる回転が同時進行する）。その仮説の妥当性は、実験によって決定されるべきものです。

次に、コマのサイズ r は、公転円の軌道半径 R に比べ桁はずれに小さいので、$\Delta \mathbf{F}_{ug}$ を $r/R \ll 1$ の条件下に級数展開しますと、

$$\frac{1}{S} = \frac{1}{R}\frac{1}{\sqrt{1-2\frac{r}{R}\cos\vartheta+(\frac{r}{R})^2}} = \frac{1}{R}(1+\cos\vartheta\frac{r}{R}+\cdots) \tag{72.7}$$

$$\cos\vartheta = \frac{\mathbf{R}\cdot\mathbf{r}}{Rr}$$

となります。ここで ϑ は、ベクトル $\mathbf{R}$ と $\mathbf{r}$ のなす角で、「・」は高校数学で出てくる内積（スカラー積）を意味します。式(72.7)を3乗し、r/R の1次の項までとった式、

$$\frac{1}{S^3} = \frac{1}{R^3}(1+\frac{r}{R}\cos\vartheta+\cdots)^3 = \frac{1}{R^3}(1+3\frac{r}{R}\cos\vartheta+\cdots)$$

$$= \frac{1}{R^3}(1+3\frac{(\mathbf{R}\cdot\mathbf{r})}{R^2}) = \frac{1}{R^3} + 3\frac{\mathbf{R}\cdot\mathbf{r}}{R^5} \tag{72.8}$$

を式(72.2)の $1/S^3$ に用いて、

$$\Delta\mathbf{F}_{ug} = -\frac{GM\Delta m}{S^2}\frac{\mathbf{S}}{S} = \Delta\mathbf{F}_{ug}^{(0)} + \Delta\mathbf{F}_{ug}^{(1)} \tag{72.9}$$

が得られます。ここに上付き文字(0)、(1)はそれぞれ展開式の0次の項、1次の項に由来することを示しており、その具体的な表現は

$$\Delta\mathbf{F}_{ug}^{(0)} = -\frac{GM\Delta m}{R^3}\mathbf{S} \tag{72.10}$$

$$\Delta\mathbf{F}_{ug}^{(1)} = -\frac{3GM\Delta m}{R^5}(\mathbf{R}\cdot\mathbf{r})\mathbf{S} \tag{72.11}$$

となります。結局、式(72.4)は

$$\Delta m \frac{d^2 \mathbf{S}}{dt^2} = \Delta m \frac{\delta^2 \mathbf{S}}{\delta t^2} + \Delta \mathbf{F}_{cf} + \Delta \mathbf{F}_{Cor} = \Delta \mathbf{F}_{rev} + \Delta \mathbf{F}_{ug}^{(0)} + \Delta \mathbf{F}_{ug}^{(1)} \qquad (72.12)$$

になります。各項は見掛けは似て見えるものの、影響力の度合いが大きく異なります。各項の有効性を比較検討します。後に明らかになりますが、地球の場合でも1年に1回転の公転角速度 Ω と26000年に1回転の歳差角速度 $\dot{\phi}$ とでは、明らかに

$$\Omega \gg \dot{\phi}$$

の大小関係が成り立っています。

これを基に比較すると、次のようになります。

i) $\delta^2 \mathbf{S}/\delta t^2 = \delta \mathbf{v}/\delta t = \delta(\dot{\phi} \times \mathbf{r})/\delta t = \ddot{\phi} \times \mathbf{r} + \dot{\phi} \times (\dot{\phi} \times \mathbf{r})$ は、$\ddot{\phi}, \dot{\phi}^2$ のオーダーで、後の $\dot{\phi} = -\alpha \cos\theta$ を先取りすれば、自転 O では、$\theta = $ 一定と考えられ、$\ddot{\phi}$ は 0 となり、$\delta^2 \mathbf{S}/\delta t^2 \approx \ddot{\phi}, \dot{\phi}^2 \ll \Omega \dot{\phi} \ll \Omega^2$ となり、式(72.12)の $\delta^2 \mathbf{S}/\delta t^2 \approx \mathbf{0}$ は無視できる量です。

ii) また、式(72.5)、(72.6)から、$|\Delta \mathbf{F}_{cf}| \approx \Omega^2 \gg |\mathbf{F}_{Cor}| \approx \Omega \dot{\phi}$ と見積もられ、

iii) 式(72.10)、(72.11)で、$R \gg r$ を考えれば、$|\Delta \mathbf{F}_{ug}^{(0)}| \gg |\Delta \mathbf{F}_{ug}^{(1)}|$ が成り立ちます。

結局、式(72.12)で一番有効な項として残るのは

$$\Delta \mathbf{F}_{cf} = \Delta \mathbf{F}_{ug}^{(0)}$$
$$\Delta m \boldsymbol{\Omega} \times (\boldsymbol{\Omega} \times \mathbf{S}) = -\frac{GM \Delta m}{R^3} \mathbf{S} \qquad (72.13)$$

です。この意味は、左辺は遠心力を、右辺は重力の第 0 次成分を表すので、コマの微小部分(質量 Δm)に作用する遠心力と重力（第 0 次成分）は、常に釣り合うということです。

一瞬一瞬のこの釣り合いにより、第 6 章では有効だった遠心力項によるジャイロ効果は重力の第 0 成分で相殺されます。要するに、この釣り合い成分は、自転軸の動きには影響しないということです。式(72.13)を m について積分する

と、コマ全体としての積分値、

$$-mR\Omega^2\hat{\mathbf{R}} = \frac{GMm}{R^2}\hat{\mathbf{R}} \quad (\hat{\mathbf{R}} = \frac{\mathbf{R}}{R}) \tag{72.14}$$

が、遠心力と重力が釣り合っていることを意味します。ここで**R**の頭に置かれた山マーク「 ˆ 」は、単位ベクトルを表す記号です。

　主たる力の項 $\Delta\mathbf{F}_{cf}$ と $\Delta\mathbf{F}_{ug}^{(0)}$ は軌道維持で、自転軸には影響しない（ジャイロ効果はなく地軸に年周変化は起こらない）のです。ここで軌道維持とはすべての円運動に共通しますが、遠心力と向心力が釣り合っていることを言っています。この釣り合いにより、円軌道が維持されます。円の外にも出られず内にも入れず、軌道上に存在することを強いられます。人工衛星や惑星の軌道もハンマー投げ直前のグルグル円運動もです。楕円軌道でもこの釣り合いは成立し、自転軸への影響はありません。

　自転軸への影響は、副次的な $\Delta\mathbf{F}_{Cor}$、$\Delta\mathbf{F}_{rev}$、$\Delta\mathbf{F}_{ug}^{(1)}$ に可能性が残されます。このうち $\Delta\mathbf{F}_{ug}^{(1)}$ は、式(72.11)で与えられます。

　$\Delta\mathbf{F}_{Cor}$、$\Delta\mathbf{F}_{rev}$ の2つが残りました。付録Vで、未知の外力 $\Delta\mathbf{F}_{rev}$ を得るのに、回転系に現れる慣性力を利用して $\Delta\mathbf{F}_{rev} = \Delta\mathbf{F}_{cf}$ と同定しました。結果的に、亜鈴の動きもジャイロの自転軸の動きも説明できました。ここも同様に、未知の外力 $\Delta\mathbf{F}_{rev}$ を回転系に現れる慣性力 $\Delta\mathbf{F}_{Cor}$ と同定することにします。つまり、次式

$$\Delta\mathbf{F}_{rev} = \Delta\mathbf{F}_{Cor} \quad (ただし、\dot{\phi} \neq 0)$$

は、回転系 Ω で自転0のコマに $\dot{\phi}$ の回転運動を起こさせるのに必要な外力を意味します。その結果が人工衛星の自転軸の動きを説明できるものなら、この考え方が正しく、地球にも適用できることになります。

　ようやく、付録VI7.2-1節で、最後の未知項であるトルク $\mathbf{N}_{rev}$ を求める段階にたどり着きました。$\mathbf{N}_{rev}$ は式(72.6)の積分から得られます。式の導出法の詳細は文献63)、64)にあります。その結果は、

$$\mathbf{N}_{rev} = 2\Omega \times \mathbf{I} \cdot \dot{\phi} - (tr\mathbf{I})(\Omega \times \dot{\phi}) = \Omega \times \mathbf{I} \cdot \dot{\phi} - \mathbf{I} \cdot (\Omega \times \dot{\phi}) + \dot{\phi} \times \mathbf{I} \cdot \Omega$$

（$tr\mathbf{I}$は慣性テンソルの対角要素の和）ですが、ここでは、もう少し簡潔にします。地軸で成り立っている公転角速度$\mathbf{\Omega} = \Omega\mathbf{k}$と歳差角速度$\dot{\boldsymbol{\phi}} = \dot{\phi}\mathbf{k}$が平行な場合のみを扱います。この条件の下では$\dot{\boldsymbol{\phi}} \times \mathbf{\Omega} = \mathbf{0}$が成り立ち、上の$\mathbf{N}_{rev}$の最終辺の第2項が消えて、簡単になります。$\rho(\mathbf{r})$を密度分布関数として、重心条件

$$\int \mathbf{r}\, dm = \int \mathbf{r}\rho(\mathbf{r})\, dV = \mathbf{0} \quad \text{（Vは体積を表す）}$$

を用いて、次の公転トルクが得られます

$$\mathbf{N}_{rev} = \int \mathbf{r} \times \Delta\mathbf{F}_{Cor} = 2\int \mathbf{r} \times (\mathbf{\Omega} \times (\dot{\boldsymbol{\phi}} \times \mathbf{r}))\, dm = 2\mathbf{\Omega} \times \mathbf{I} \cdot \dot{\boldsymbol{\phi}} \tag{72.15}$$

（成分を丁寧に計算していくとこの式に行き着きます）。

これは$\mathbf{N}_{rev} = \mathbf{\Omega} \times \mathbf{I} \cdot \mathbf{\Omega}$（付録 V の式(65.3)$_4$）に類似しており、式(65.4)を求めた方法が使えて、

$$\mathbf{N}_{rev} = 2(C-A)\Omega\dot{\phi}\sin\theta\cos\theta\, \mathbf{e}_2 \tag{72.16}$$

が得られます。このトルクが、自転軸上の例えば、コマの赤道で分割した2つの半球の重心$\mathbf{a}, -\mathbf{a}$に作用する偶力$\mathbf{F}, -\mathbf{F}$によると考えると、式(65.5)を求めたのと同じ方法で、付録III4.6節の変換表を利用して、

$$\mathbf{N}_{rev} = 2\mathbf{a} \times \mathbf{F} = 2a\mathbf{e}_3 \times (-F\mathbf{e}'_1) = -2aF\cos\theta\, \mathbf{e}_2 \tag{72.17}$$

となります。$|(72.16)| = |(72.17)|$から、各半球の重心に作用する偶力の大きさが、

$$|\mathbf{F}| = \frac{1}{2a} \cdot 2(C-A)\Omega|\dot{\phi}|\sin\theta \tag{72.18}$$

と求められます。$2a|\mathbf{F}|$さえ一定であれば、偶力の作用点は軸上の対称点ならどこでもよいことは付録Vと同じです。自転があってもなくても、コマに、公

転とは異なる円運動（角速度$\dot{\phi}$）を強制するには、この外力が必要と考えられます。

次に、重力によるトルクを求めておきます。式(72.9)、(72.10)から、

$$\mathbf{N}_{ug} = \int \mathbf{r} \times d\mathbf{F}_{ug} = \int \mathbf{r} \times d\mathbf{F}_{ug}^{(0)} + \int \mathbf{r} \times d\mathbf{F}_{ug}^{(1)} = \mathbf{N}_{ug}^{(0)} + \mathbf{N}_{ug}^{(1)} \tag{72.19}$$

$$\mathbf{N}_{ug}^{(0)} = \int \mathbf{r} \times d\mathbf{F}_{ug}^{(0)} = \int \mathbf{r} \times (-\frac{GM}{R^3}\mathbf{S})dm$$

$$= -\frac{GM}{R^3}\int \{\mathbf{r} \times (-\mathbf{R}) + \mathbf{r} \times \mathbf{r}\}dm = \frac{GM}{R^3}(\int \mathbf{r}dm) \times \mathbf{R}$$

が得られます。ここで、$\mathbf{r} \times \mathbf{r} = \mathbf{0}$（$\mathbf{r}$から$\mathbf{r}$に回すとは、回さないこと$\mathbf{0}$に等しい）を使いました。また、重心とは、自分自身からみれば、原点のことですから、結局、

$$\int \mathbf{r}dm = \mathbf{0}$$

$$\mathbf{N}_{ug}^{(0)} = \mathbf{0} \tag{72.20}$$

となります。つまり、主重力によるトルク（$\mathbf{N}_{ug}^{(0)}$）には自転軸をひねる効果はないことになり、式(72.13)のところで述べた内容と整合性を持ちます。次に、$\mathbf{N}_{ug}^{(1)}$については、文献66)から

$$\mathbf{N}_{ug}^{(1)} = \int \mathbf{r} \times d\mathbf{F}_{ug}^{(1)} = \frac{3GM}{R^3}\hat{\mathbf{R}} \times \mathbf{I} \cdot \hat{\mathbf{R}} \quad (\hat{\mathbf{R}} = \frac{\mathbf{R}}{R})$$

となります。表3を利用し、付録V6.5-2節と同様な計算を経由して、

$$\hat{\mathbf{R}} = \cos\Omega t\,\mathbf{i} + \sin\Omega t\,\mathbf{j} = \cos\theta\cos\varphi\,\mathbf{e}_1 + \sin\varphi\,\mathbf{e}_2 + \sin\theta\cos\varphi\,\mathbf{e}_3 \quad (\varphi = \Omega t - \phi)$$

$$\mathbf{I} \cdot \hat{\mathbf{R}} = \begin{pmatrix} A & 0 & 0 \\ 0 & A & 0 \\ 0 & 0 & C \end{pmatrix} \begin{pmatrix} \cos\theta\cos\varphi \\ \sin\varphi \\ \sin\theta\cos\varphi \end{pmatrix} = \begin{pmatrix} A\cos\theta\cos\varphi \\ A\sin\varphi \\ C\sin\theta\cos\varphi \end{pmatrix} : \begin{matrix} \mathbf{e}_1 \\ \mathbf{e}_2 \\ \mathbf{e}_3 \end{matrix}$$

$$\mathbf{I} \cdot \hat{\mathbf{R}} = A\cos\theta\cos\varphi\, \mathbf{e}_1 + A\sin\varphi\, \mathbf{e}_2 + C\sin\theta\cos\varphi\, \mathbf{e}_3$$

となり、最終的に、前節で述べた既知のトルク 56)、57)

$$\mathbf{N}_{ug}^{(1)} = -\frac{3}{2}(C-A)\frac{GM}{R^3}\sin\theta\cos\theta(1+\cos 2\varphi)\mathbf{e}_2 + \frac{3}{2}(C-A)\frac{GM}{R^3}\sin\theta\sin 2\varphi\, \mathbf{e}_1 \quad (72.21)_1$$

が得られます。右辺第1項は、歳差モーメントを、第2項は章動のモーメントを表します。

上式の重力項を公転角速度で書き直します。高校物理で出てくる、重力と遠心力の釣り合いを表す式(72.14)の大きさ（式の絶対値）から得られる式を変形すると、

$$\frac{GMm}{R^2} = mR\varOmega^2$$

$$\frac{GM}{R^3} = \varOmega^2$$

となります。結局、式(72.19)は、(72.20)、(72.21)から、次式で表せます。

$$\mathbf{N}_{ug} = -\frac{3}{2}(C-A)\varOmega^2\sin\theta\cos\theta(1+\cos 2\varphi)\mathbf{e}_2 + \frac{3}{2}(C-A)\varOmega^2\sin\theta\sin 2\varphi\, \mathbf{e}_1 \quad (72.21)_2$$

7.2-3　自転≠0の場合の有効トルク

本文6.4節の重力ジャイロ効果から導いた指導原理を、ここでも適用します。人工衛星は回転楕円体とします。前節から、

1．力の大きさが、

$$|\mathbf{F}| = \frac{1}{2a} \cdot 2(C-A)\Omega|\dot{\phi}|\sin\theta$$

で与えられる偶力が、回転楕円体を赤道で分割したときの各半球の重心に作用します。ここで、a は回転楕円体の中心から各半球の重心までの距離で、$\mathbf{a}, -\mathbf{a}$ に偶力 $\mathbf{F}, -\mathbf{F}$ が作用するとします。第 6 章の Ω^2 の因子が、符号はともかく $\Omega\dot{\phi}$ と代わりましたが、角速度 Ω の公転系に対し、異なる角速度 $\dot{\phi}$ の回転運動が重なっていることから発生する偶力と解釈できます。

2．力の方向は自転が 0 のときの自転軸の運動方向です。その先端は、公転系に相対的に静止していることから、公転の動きと同一で、円の接線方向 $\mathbf{e'}_2 = \mathbf{e}_2$ になります。

6.4 節の指導原理から、結局、次の偶力のモーメントが得られます。

$$\mathbf{N}_{rev} = 2\mathbf{a}\times\mathbf{F} = 2a\mathbf{e}_3\times|\mathbf{F}|\mathbf{e'}_2 = -2(C-A)\Omega|\dot{\phi}|\sin\theta\,\mathbf{e}_1 \qquad (72.22)$$

7.2-4　基本方程式と解

7.2-1 節で述べた基本方針に戻っておさらいすると、基本方程式

$$\frac{d\mathbf{L}}{dt} = \mathbf{N}_{ug} + \mathbf{N}_{rev} \qquad (72.23)$$

において、左辺は式(65.8)と同じ

$$\frac{d\mathbf{L}}{dt} = C\omega\frac{d\mathbf{e}_3}{dt} = C\omega(\dot{\boldsymbol{\phi}}+\dot{\boldsymbol{\theta}})\times\mathbf{e}_3 = C\omega\dot{\phi}\sin\theta\,\mathbf{e}_2 + C\omega\dot{\theta}\,\mathbf{e}_1 \qquad (72.24)$$

でした。右辺の $\mathbf{N}_{ug}$ は既知で、式(72.21)$_2$ の形にまとめられました。$\mathbf{N}_{rev}$ は式

(72.22)で与えられますが、こちらは仮説で実験による検証が必要なパートでした。書き並べると、

$$C\omega\dot{\phi}\sin\theta \mathbf{e}_2 + C\omega\dot{\theta}\mathbf{e}_1 =$$
$$-\frac{3}{2}(C-A)\Omega^2 \sin\theta\cos\theta(1+\cos 2\varphi)\mathbf{e}_2 + \frac{3}{2}(C-A)\Omega^2 \sin\theta\sin 2\varphi \mathbf{e}_1$$
$$-2(C-A)\Omega|\dot{\phi}|\sin\theta \mathbf{e}_1$$

となり、定数 β, α を定義して、最終結果は、

$$\beta = \frac{C-A}{C}\frac{\Omega}{\omega} \tag{72.25}$$

$$\alpha = \frac{3}{2}\frac{C-A}{C}\frac{\Omega^2}{\omega} = \frac{3\beta\Omega}{2} \quad (\frac{GM}{R^3} = \Omega^2) \tag{72.26}$$

$$\mathbf{e}_2: \quad \dot{\phi} = -\alpha\cos\theta(1+\cos 2\varphi) \tag{72.27}$$

$$\mathbf{e}_1: \quad \dot{\theta} = -2\beta|\dot{\phi}|\sin\theta + \alpha\sin\theta\sin 2\varphi \tag{72.28}$$

にまとめられます。本文 7.2 節は以上を受けて展開されます。

付録VII　第9章の数学的補足
―― 地軸逆転の力学 ――
（補足の該当場所を明示するため、第9章の節番号を継続使用します）

9.3-1　基本方程式

　第7章で述べた人工衛星の場合、自転軸に作用する重力源としては、地球1個だけで済みました。ところが、地球の自転軸に作用する力として、太陽と月の最低2つの重力を考えないと、2100年来の地軸の歳差は説明できません。この2つが、地軸に対しプラトン年運動という歳差を引き起こすことを先に述べました（9.2節）。地軸は、軌道面に平行な（歳差）面を360°強制的に方向変化させられます。軸でいえば、公転軸は軌道面に、歳差軸は歳差面に垂直で、2つは平行で回転速度が異なりどちらも譲りません。同時に進行している異なる回転がジャイロ効果を及ぼして地軸を垂直方向へ（公転軸方向へ）動かすはずです。ここではその運動の様子を大づかみに調べます。他の惑星の影響（摂動）もありますが、その議論は人工衛星実験の成功後の課題としましょう。

　まず、重力源が2つある場合を考えます。太陽と月の2つです。公転運動は太陽1つで済みますが、地軸運動の再現には太陽と月の最低2つが必要です。このとき基本方程式は

$$\frac{d\mathbf{L}}{dt} = \mathbf{N}_{ug} + \mathbf{N}_{ug2} + \mathbf{N}_{rev} \tag{93.1}$$

になります。付録VI 7.2-1節に比べ、1つ増えた$\mathbf{N}_{ug2}$が月の重力トルクを表しています。他は、$\mathbf{L}$が地球の自転角運動量、$\mathbf{N}_{ug}$が太陽の重力トルクです。公転ジャイロ効果によるトルクは$\mathbf{N}_{rev}$1つでよいのです（第9章）。公転とは別な

回転 $\dot{\phi}$ をすることで、公転ジャイロ効果が発生しますが、この角速度 $\dot{\phi}$ の原因が、太陽の重力によるトルク $\mathbf{N}_{ug}$ の角速度 $\dot{\phi}_S$ と月の重力によるトルク $\mathbf{N}_{ug2}$ の角速度 $\dot{\phi}_m$ の2つで

$$\dot{\phi} = \dot{\phi}_S + \dot{\phi}_m \tag{93.2}$$

です。$\dot{\phi}_S$ と $\dot{\phi}_m$ は、式(72.27)から、

$$\dot{\phi}_S = -\alpha_S \cos\theta(1+\cos 2\varphi), \quad \varphi = \Omega t - \phi \tag{93.3}_1$$
$$\dot{\phi}_m = -\alpha_m \cos\theta(1+\cos 2\varphi_2), \quad \varphi_2 = \Omega_2 t - \phi \tag{93.3}_2$$

と書かれます。ここで、$t=0$ は地球から見た月の方向が太陽の方向と一致したときに選んでいます。また、

$$\alpha_S = \frac{3}{2}\frac{C-A}{C}\frac{1}{\omega}\frac{GM}{R^3} \tag{93.4}_1$$

$$\alpha_m = \frac{3}{2}\frac{C-A}{C}\frac{1}{\omega}\frac{Gm_2}{r_2^3} \tag{93.4}_2$$

で、$M(\gg m)$、m_2、$m(=81.5 m_2)$ は、順に太陽・月・地球の質量を表し、$\omega(=1\mathrm{rpd})$ (1日1回転)は地球の自転角速度、$\Omega(=1\mathrm{rpy})$ は地球の太陽回りの公転角速度、$\Omega_2(=1/27.32\mathrm{rpd})$ は月の地球回りの公転角速度を表し、本文の通りです。

また、地軸の傾斜角 θ の角速度 $\dot{\theta}$ は、式(72.28)に相当する式として、本文(9.2)相当の

$$\dot{\theta} = -2\beta|\dot{\phi}|\sin\theta + \alpha_S \sin\theta\sin 2\varphi + \alpha_m \sin\theta\sin 2\varphi_2 \tag{93.5}$$

$$\beta = \frac{C-A}{C}\frac{\Omega}{\omega} \tag{93.6}$$

が得られます。式(93.5)の意味は、第9章の通りです。

9.3-2　$\theta \neq 90°$ の段階における「歳差・逆転コンビ」

地軸 $\mathbf{e}_3$ の運動は、式(93.2)、(93.5)で記述され、それを解けば、その動きが (ϕ, θ) で表されます。この中の周期項の時間平均は 0 （太陽と月をリング状に空間平均しても同じ結果）、

$$\langle \sin 2\varphi \rangle = 0, \ \langle \cos 2\varphi \rangle = 0, \ \langle \sin 2\varphi_2 \rangle = 0, \ \langle \cos 2\varphi_2 \rangle = 0$$

として、式から除去します。すると、残りは、

$$\dot{\phi} = \dot{\phi}_S + \dot{\phi}_m = -(\alpha_S + \alpha_m)\cos\theta = -\alpha\cos\theta \tag{93.7}$$

$$\dot{\theta} = -2\beta|\dot{\phi}|\sin\theta = -2\beta|(\alpha_S + \alpha_m)\cos\theta|\sin\theta = -\gamma_0|\sin 2\theta| \tag{93.8}$$

$$\gamma_0 = \beta(\alpha_S + \alpha_m) \tag{93.9}$$

となります。式(93.7)、(93.8)のペアが「歳差・逆転コンビ」を表しています（本文 9 章）。

あとは、β、α_S、α_m の値を見積もれば計算可能となります。それらは、チャンドラセカール 57)にならって、スカーバラ 56)に従うことにします。

（１）ジャイロ効果定数 β の値

式(93.6)中のファクターを、付録 IV でも言及したティスランの値

$$\frac{C-A}{C} = \frac{1}{305.6}$$

を採用します。また、Ω, ω, β として、

$\Omega = 1 \text{(rpy)}$

$\omega = 366.25 \text{(rpy)}$

$$\beta = \frac{1}{305.6} \cdot \frac{1(\text{rpy})}{366.25(\text{rpy})} = 8.934 \times 10^{-6} \qquad (93.10)$$

の値が見積もられます。

（2）歳差と章動の定数つまり α_s, α_m の値

式(93.4)$_1$ 中の GM/R^3 と、(93.4)$_2$ 中の Gm_2/r_2^3 の見積もりには、ちょっとした違いがあり、注意が必要です。質量が m_1, m_2 の 2 体問題において、ケプラーの第 3 法則は、

$$G(m_1 + m_2) = R^3 \Omega^2$$

と解析的に書けます 67)。これを変形すると、質点 m_2 が、2 質点系の重心 GM（$m_1 + m_2$）の回りを公転するとき、重心からの引力と遠心力が釣り合っていることから、

$$\frac{G(m_1 + m_2)m_2}{R^2} = m_2 R \Omega^2$$

が成り立ちます。太陽 - 地球システムでは、$m_1 = M$、$m_2 = m$ とすると $M \gg m$（$M = 333000\ m$）から上式は、

$$\frac{GM}{R^3} = \Omega^2 \qquad (93.11)_1$$

と簡単化されます。ところが地球 - 月システムでは、$m_1 = m$、$m_2 = m_2$ とすると上式は

$$\frac{G(m_1 + m_2)m_2}{r_2^2} = m_2 r_2 \Omega_2^2$$

になり、$m = 81.5 m_2$ であることを考慮すると、$m + m_2 = 82.5 m_2$ から、結局、

$$\frac{Gm_2}{r_2^3} = \frac{\Omega_2^2}{82.5} \qquad (93.11)_2$$

になります。

式$(93.4)_1$、$(93.4)_2$ は、式$(93.11)_1$、$(93.11)_2$ から、

$$\alpha_S = \frac{3}{2}\frac{C-A}{C}\frac{1}{\omega}\frac{GM}{R^3} = \frac{3}{2}\frac{C-A}{C}\frac{1}{\omega}\Omega^2 = \frac{3}{2}\beta\Omega \qquad (93.12)_1$$

$$\alpha_m = \frac{3}{2}\frac{C-A}{C}\frac{1}{\omega}\frac{Gm_2}{r_2^3} = \frac{3}{2}\frac{C-A}{C}\frac{1}{\omega}\frac{\Omega_2^2}{82.5} = \frac{3}{2}\beta\frac{1}{\Omega}\frac{\Omega_2^2}{82.5} \qquad (93.12)_2$$

となります。式(93.10)から、式$(93.12)_1$ は

$$\alpha_S = \frac{3}{2}\beta\Omega = \frac{3}{2}\times 8.934\cdot 10^{-6}\times 2\pi\ (\text{rad/year})$$
$$= 0.00008420\ (\text{rad/year}) = 17.4\ (''/y) \qquad (93.13)_1$$

となり、ここで rad は弧度法のラジアン、" は秒角の arcsec を表し、これらの間の換算式

$$\pi\,(\text{rad}) = 3.1416\,(\text{rad}) = 180° = 180\times 60\times 60''$$
$$0.000004848\,(\text{rad}) = 1''\,(\text{arcsec})$$

を用いています。

次に、月による α_m を見積もります。まず、月は 27.32 日かけて地球を 1 周します。また、地球は 365.25 日かけて太陽を 1 周します。地球が太陽を 1 周する 1 年間に、月は地球を 365.25/27.32 周することになり、月の 1 年間の公転角速度は、

$$\Omega_2 = 2\pi\times 365.25/27.32\,(\text{rad/year})$$

になります。したがって、式(93.12)$_2$ から

$$\alpha_m = \frac{3}{2}\beta\frac{1}{\Omega}\frac{\Omega_2^2}{82.5} = \frac{3}{2}\times 8.934\cdot 10^{-6} \times \frac{1}{2\pi(\text{rad}/y)} \times \frac{(2\pi \times 365.25/27.32\,\text{rad}/y)^2}{82.5}$$
$$= 0.0001824\,(\text{rad/year}) = 37.6\,(''/y) \qquad (93.13)_2$$

が得られます。上の結果を整理すれば、

$$\alpha_S = 17.4\,(''/y), \quad \alpha_m = 37.6\,(''/y)$$

の値となります。地軸への影響は、太陽より月の方が大きいのです。2つ合わせると、

$$\alpha = \alpha_S + \alpha_m = \frac{3}{2}\beta\Omega(1 + \frac{1}{82.5}\frac{\Omega_2^2}{\Omega^2}) = 55.0\,(''/y) \qquad (93.14)$$

になります。

(3) 歳差運動 $\dot{\phi}$ の見積もりとして、式(93.7)、(93.14)から、

$$\dot{\phi} = \dot{\phi}_S + \dot{\phi}_m = -(\alpha_S + \alpha_m)\cos\theta = -55.0\cos\theta\,(''/y) \qquad (93.15)$$
$$\dot{\phi} = -50.4\,(''/y) \quad (\theta = 23.45°)$$

を与え、見事観測に一致するということです。

(4) 逆転運動 $\dot{\theta}$ の見積もり

さて、式(93.8)、(93.10)、(93.15)から、現在のひっくり返りの角速度 $\dot{\theta}_0$ を求めると、

$$\dot{\theta}_0 = -2\times 8.934\cdot 10^{-6}\times |(55.0\,(''/y))\cos 23.45°|\sin 23.45° = -0.0003588\,(''/y)$$
$$(93.16)$$

となり、小さ過ぎて観測できる量ではありません。観測的証明は不可能だということで、人工衛星による実験が必要になります。しかし、100 万年といった長い目で見れば、

$$\dot{\theta} = -2 \times 8.934 \cdot 10^{-6} \times |(55.0('' /y)) \cos\theta| \sin\theta = -\gamma_0 |\sin 2\theta| \tag{93.17}$$

$$\gamma_0 = \beta(\alpha_S + \alpha_m) = 8.934 \cdot 10^{-6} \times 55.0('' /y) = 0.1365° / 10^6 (y) \tag{93.18}$$

となり、100 万年単位ではもはや無視することのできない量となります。これは、ひっくり返りが一方向 ($\dot{\theta}<0$) に起こる累積効果によるものです。式(93.17)は積分できて、$\theta = \theta_1$ から $\theta = \theta_2$ までの時間間隔を T_{12} とすると、

$$\ln|\tan\theta_2| - \ln|\tan\theta_1| = -2\gamma_0 T_{12} \tag{93.19}$$

となります。この積分時の $\gamma_0 = 0.002382 (\mathrm{rad}) / 10^6 (\mathrm{years})$ はラジアンとしています。

9.3-3　$\theta = 90°$ における章動ジャンプ

第7章でも述べましたが、$\theta = 90°$ のときには、前節の議論が成り立ちません。基本方程式からの再検討を要します。基本方程式(93.2)、(93.3)$_1$、(93.3)$_2$、(93.5)は、$\theta = 90°$ で、

$$\dot{\phi} = 0 \tag{93.20}$$
$$\dot{\phi}_S = 0 \quad (\phi_S = \phi_{S90} = constant)$$
$$\dot{\phi}_m = 0 \quad (\phi_m = \phi_{m90} = constant)$$
$$\dot{\theta} = \alpha_S \sin 2(\Omega t - \phi_{S90}) + \alpha_m \sin 2(\Omega_2 t - \phi_{m90}) \tag{93.21}$$

となり、最後の式は積分すると、

$$\theta = -\Delta\theta(t) + \frac{\pi}{2} \quad (\frac{\pi}{2} = 90°) \tag{93.22}_1$$

$$\Delta\theta(t) = \Delta\theta_S \cos 2(\Omega t - \phi_{S90}) + \Delta\theta_m \cos 2(\Omega_2 t - \phi_{m90}) \qquad (93.22)_2$$

$$\Delta\theta_S = \frac{\alpha_S}{2\Omega} = \frac{17.4\,(''/y)}{2\cdot 2\pi\,(/y)} = 1.385\,''(\text{arcsec}) \qquad (93.23)_1$$

$$\Delta\theta_m = \frac{\alpha_m}{2\Omega_2} = \frac{37.6\,(''/y)}{2\cdot 2\pi/(27.32/365.25)\,(/y)} = 0.224''\,(\text{arcsec}) \qquad (93.23)_2$$

が得られます。これらの式の意味は、9.3 節で述べた通りです。自転軸は横倒しで、黄緯方向に微小振動しますが、殆んど瞬間的に逆行側から順行側へと障壁を乗り越えます。最後に残る問題は、90°近辺での章動振幅の最大値 $\Delta\theta_{90}$ を評価することです。

1) これまでの議論を続けますと、$(93.22)_2$、$(93.23)_1$、$(93.23)_2$ から、最大値は文献 68)の方法で、ミランコヴィッチ 43)の結果に $\theta = 23.45°$ を代入した

$$\Delta\theta_{90} = \Delta\theta_S + \Delta\theta_m = 1.385'' + 0.224'' = 1.609''$$

に一致します。これは、9.3 節での最も簡略化したモデルから出てきました。つまり、月の公転面は地球の公転面に一致不変とした点で、これは観測値に比べ極めて小さい値です。

この小ささは、式(93.19)を通して、$\theta = 90°$ 付近の滞在時間を長くし、全体としての逆転時間を非常に長くします。式(93.19)は、$\theta = 90°$ に近づくほど敏感に反応して、そこでの滞在時間に大きく影響します。そこで、$\theta = 90°$ 付近の章動振幅の最大値は、簡略化モデルから離れて、現実的な既知の観測値・理論値を視野に入れて、見直す必要があります。

2) 観測からは、θ 方向の動きの最大値として、18.6 年周期の章動とよばれる振動振幅として、9.21"(章動定数)が知られています。この現象は、地球を回る月の軌道面が後退運動(小さな傾きで逆回り)することから説明されるものです 69)。

3) 理論面では、太陽と月以外に、他の惑星の影響も考慮して、地軸の θ 方向の動きが計算されています。その結果は、1.3° 55)、70)、とか 1.5°~2.0° 49)といった値で、約 40000 年の準周期的なふらつきがあるというものです。まと

めますと、$\Delta\theta_{90}$ の値として、1.609"から2.0°までの広がりが見込まれます。この後の議論は、本文へ続きます。

謝辞

　最後に、本書出版に当たりお世話になった方々に御礼申し上げます。

　まず、本書を世に出すきっかけを作って下さった旧友科学ライターの木幡赴士さんには、厚く感謝の意を表します。ともすれば、独りよがりになりがちな私の文章を、豊富な経験に基づいて、わかりやすい文章に手直しするなどのご協力をいただきました（特に、第 1 章導入部、5.1 節、付録 IV5.1-1 節）。全体を通して鋭い編集者の目の洗礼を受けています。

　また、東京航空計器（株）様には、営利外にジャイロスコープを貸与下さり、貴重なデータを取ることができ論文発表にこぎつけました（6.6 節）。その基盤があったからこそ本書を完成することができました、誠にありがとうございます。

　また、著者のともすれば数式頼りの原稿が少しでも読みやすく改訂できたとすれば、海鳴社辻信行さんから構成上のアドバイスをいただいたお陰です、感謝申し上げます。

　編集部辻忠文さんからは、核心に触れる質疑を受けその応答から、本書は磨かれていきました。（図 40）に至るヒントもいただきました。さらに地軸逆転論の定性的説明を要請され、著者の認識は、円運動の本性「角速度の 2 乗則」（付録 V6.5-2）へと深まりました。

　人工衛星実験では、編集担当者（木幡赴士さん、辻忠文さん）から、著者には思いも付かなかった時計の歯車仕掛けのヒントを頂戴し、それが難題氷解につながりました。

　公立高校時代の元同僚照井高司さんには、自転軸にレーザーポインターを埋め込みスクリーン上に自転軸の動きを映し出すヒントを得ていました。この 2 つのアイデアが結びつき、人工衛星の内部において実験実現の可能性がみえてきました（7.4 節）。

　理解ある方々からの援助により、本書を世に送ることができ、深甚な感謝をささげます。

あとがき

　人は、知の山をいくらでも築くことができます。文学・芸術は、実証性より感動性の山といえるでしょう。現(うつつ)か幻(まぼろし)かは問題としません。一方、科学は、現実を表現するものでなければなりません。しかし、人は、現か幻かがわからないまま知の山を築き上げることができます。とはいえ、最終的には、実験により現(うつつ)であることの証(あかし)が必要となります。

　また、科学の中でも　数学は別格で、論理で組み立てられる独立国のようです。現実を表しているかより、論理が正しいかが問われます。論理の正当性が厳しい憲法となっているようです。大学に入ったばかりの頃、その厳しさから来る表現に訳がわからず、戸惑いと打ちのめされた衝撃が、今なお鮮明に残っています。史上いかなる権力者といえども、侵すことのできない唯一の王国のようです。その住人は、誇り高く、美を尊ぶようです。

　さて、本書について、公転ジャイロスコープの逆転現象（第Ⅰ峰）は、現実の山といえます。そこから、著者が見る人工衛星逆転の山（第Ⅱ峰）と、さらにその先に見える地軸逆転の"寺石山"（第Ⅲ峰）は、果たして現でしょうか、幻でしょうか。それは、人工衛星を使った実験のみが決定するものです。読者に、その思いが伝われば、著者冥利に尽きます。いずれ、歴史に淘汰されます。その歴史の審判の到来を楽しみにしつつ閉じることにします。長いお付き合いありがとうございます。

2013 年 9 月 1 日

原　憲之介

まえがきに登場する人物紹介

ハットン(James Hutton)：スコットランド出身の地質学者で、地質過程に関するいわゆる「斉一説」の提唱者として有名

ライエル（Charles Lyell）：スコットランドの地質学者で代表的著作『地質学原理』を通じて斉一説のスポークスマン的役割を果たした

ダーウィン（Charles Robert Darwin）：ライエルの友人でライエルからも多くの刺激を受けた地質学者・博物学者、そしてなにより主著『種の起源』の著者として有名

ケルビン（William Thomson, Lord Kelvin）：単位「K」（ケルビン）で記される絶対温度目盛りの提案はこの人物による．当時は物理学が自然科学界では絶大な権威を誇っていて、ケルビン卿はその頭目と見なすことができる

ウェゲナー（Alfred Lothar Wegener）：ドイツの気象学者・極地研究者で、大陸移動説を提唱したことで知られる

ジェフリーズ（Harold Jeffreys）：英国の物理学者．ウェゲナーとの間で大陸移動説をめぐり論争を交えた

カーシュビンク（Joseph L. Kirschvink）：アメリカの地質学者、スノーボールアース仮説の提唱者、8.3 節参照

ホフマン（Paul F. Hoffman）：カナダ出身で後アメリカの地質学者、スノーボールアース説の強力な主張者、フルマラソン 2 時間 28 分台の記録保持者、8.3 節参照

ウィリアムズ（George E. Williams）：オーストラリアの地質学者、地軸大傾斜説の提唱者、8.3 節参照

寺石良弘：1954 年高知丸の内高校教諭時代、地軸逆転論を提唱、付録 I 参照

ペリー（John Perry）：英国の機械工学者・実用数学者、明治政府のお雇い外国人教師、*Spinning Tops & Gyroscopic Motions* の著者、1.3 節参照

参考文献

1) 森菊久著『飛行機をとばすコマ——ジャイロが開いた世界』(講談社ブルーバックス、1979)
2) H.-C. フライエスレーベン著、坂本賢三訳『航海術の歴史』(原著第2版) 第8章、第16章 (岩波書店、1983)
3) F. ダンネマン著、安田徳太郎訳『大自然科学史』第9巻、p. 73 (1923) [原典 : Comptes Rendus （パリアカデミー報告）35、421] (三省堂、1979 − [1852])
4) K. マルクス著、大内兵衛・細川嘉六監訳、『資本論 (第1巻) 』(大月書店、1968)
5) F. J. B. Cordeiro, "*The Gyroscope,*" New York, SPON & CHAMBERLAIN; London, E. & F. N. SPON, Limited, 1913
6) 源順著、中田祝夫解説『和名類聚抄』(勉誠社、1978)
7) アミール・D. アクゼル著、水谷淳訳『フーコーの振り子——科学を勝利に導いた世紀の大実験』(早川書房、2005)
8) アミール・D. アクゼル著、鈴木主税訳『羅針盤の謎——世界を変えた偉大な発明とその壮大な歴史』(アーティストハウスパブリッシャーズ、2004)
9) 後藤憲一ほか著『詳解 力学演習』第2章 (共立出版、1971)
10) 茂在寅男、小林實著『コンパスとジャイロの理論と実際——磁気コンパス、ジャイロ・コンパス、オートパイロット・ジャイロ応用機器』p. 534 (海文堂出版、1971)
11) J. Perry, "*Spinning Tops and Gyroscopic Motions,*" pp. 21 - 23 & p. 101 Sheldon, London [reprinted by Dover]、1890 [1957]
12) H. Crabtree, "*An Elementary Treatment of the Theory of Spinning Tops and Gyroscopic Motion*" pp. 11- 12, Longmans, Green (London) [reprinted by Cheisea], 1909 [1967]
13) 板倉聖宣「ジョン・ペリーの生涯」[上野健爾ら編集、季刊『数学の楽しみ』 No. 20 − 23 収載] (日本評論社、2000 - 2001)
14) 板倉聖宣・湯沢光男著『コマの力学——回転運動と慣性』[サイエンスシアターシリーズ 力と運動編 4] (仮説社、2005)
15) R. オールコック著、山口光朔訳『大君の都 下 —— 幕末日本滞在記』(岩波文庫、1962)
16) 中田幸平著『日本の児童遊戯』 pp.207-230 (社会思想社、1970)
17) 伊藤洋「寺石良弘とその思想 —上— 惑星の逆立ち、氷河時代、そして生物の進化」科学朝日 1 月号、pp. 50-54 (1989);「寺石良弘とその思想—下— 惑星の逆立ち、氷河時代、そして生物の進化」科学朝日、2 月号、pp. 54-58 (1989)
18) 寺石良弘著『太陽系発展論、地質学及び生物学に関する綜合』がり版刷り草稿 (熊本県立図書館所蔵、1954)

19) 「宇宙に特別な向き？――定説に疑問を呈する観測結集が出ている」日経サイエンス 2 月号、 p. 18 (2012)
20) K. Hara, "Another Reversing Gyroscope," *Journal of Technical Physics* **49**, 27-37 (2008); K. Hara, "On the Possible Reversal of a Satellite Spin Axis," *ibid* **50**, 75-85 (2009); K. Hara "On the Possible Reversal of an Earth-Scale Top," *ibid* **50**, 375-385 (2009)
21) 安井久一著、大槻義彦・小牧研一郎編集『こまはなぜ倒れないか』［物理学演習 One Point］（共立出版、1998）
22) V. D. バージャー・M. G. オルソン著、戸田盛和・田上由紀子訳 『力学 ―― 新しい視点にたって』 第 5 章、第 6 章（倍風館、1973）
23) R. P. ファインマン他著、坪井忠二訳『ファインマン物理学―― I 力学』第 20 章 (岩波書店、1965)
24) W. Wy; R. E. G; A. L. R.; R. J. S N ., "GYROCOMPASS & GYROSCOPE" *Encyclopaedia Britannica* vol. 10, pp. 1078-1084, William Benton Publisher, Chicago, 1970
25) Harry Soodak & Martin S. Tiersten, "Resolution analysis of gyroscopic motion," *Am. J. Phys.* **62**, 687-694 (1994)
26) C. G. Gray & B.G. Nickel, "Constants of the motion for nonslipping tippe tops and other tops with round pegs," *Am. J. Phys.* **68**, 821-828 (2000)
27) H. K. Moffatt and Y. Shimomura, "Spinning eggs – a paradox resolved," *Nature* **416**, 385-386 (2002)；下村裕著「立ち上がる回転ゆで卵の解」パリティ **18** (3), 52-56 (2003)
28) 下村裕著『ケンブリッジの卵――回る卵はなぜ立ち上がりジャンプするのか』(慶應義塾大学出版会、2007)
29) 山本義隆著『新・物理入門〈物理 IB・II〉大学受験必修』(駿台文庫〈駿台受験叢書〉、1996)
30) 高木貞治著『復刻版　近世数学史談、数学雑談』(河出書房 ［共立出版復刻版］、1942 [1996])
31) 吉田武著『新装版　オイラーの贈物――人類の至宝 $e^{i\pi} = -1$ を学ぶ』(東海大学出版会、2010)
32) 青木謙知他著 『V-22 オスプレイ 増補版 (世界の名機シリーズ)』(イカロス出版、2012)
33) 加野厚志著『孫策 (そんさく)――呉の基礎を築いた江東の若き英雄』(PHP 文庫、2005)
34) 入江敏博・山田元著『工業力学』［機械工学基礎講座］ p. 148 (理工学社、1980)
35) アンドリュー・パーカー著、渡辺正隆・今西康子役『眼の誕生――カンブリア大進化の謎を解く』(草思社、2006)
36) 力武常次著『地球磁場とその逆転――70 万年前磁石は南をさしていた!』［サイエンス叢書 N-10］ (サイエンス社、1980)
37) W. ギルバート著、板倉聖宣訳解説『磁石(および電気)論』(仮説社、1978)
38) 山本義隆著『磁力と重力の発見 <2> ルネサンス』、『同 <3> 近代の始まり』(みすず書房、2003)

39) ニコラス・ウェイド著、沼尻由起子訳、安田喜憲監修『5万年前——このとき人類の壮大な旅が始まった』(イースト・プレス、2007); ブライアン・フェイガン著、東郷えりか訳『古代文明と気候大変動 ——人類の運命を変えた二万年史』(河出書房新社、2005)

40) 前中一晃著『日も行く末ぞ久しき——地球科学者松山基範の物語』(文芸社、2006)

41) A. Cox, R. R. Doell & G. B. Dalrymple, "Reversals of the earth's magnetic field," *Science* **144**, 1537 - 1543 (1964)

42) Robert W. Felix, "Magnetic Reversals and Evolutionary Leaps," Sugarhouse Publishing, 2009

43) ミランコヴィッチ著、柏谷健二他訳『気候変動の天文学理論と氷河時代』(古今書院、1992)

44) J. インブリー & K. P. インブリー著、小泉格訳『氷河時代の謎を解く』(岩波現代新書、1982)

45) J. D. Hays, J. Imbrie & N. J. Shackleton, "Variations in the earth's orbit: Pacemaker of the ice ages," *Science* **194**, 1121 - 1132 (1976)

46) P. F. ホフマン、D. P. シュラグ著、岡本和明・丸山茂徳訳「氷に閉ざされた地球」日経サイエンス4月号、 pp. 56 - 65 (2000); 田近英一著「全球凍結現象とはどのようなものか」科学 **70**, 397-405 (2000)

47) G. E. Williams, "History of the Earth's obliquity," *Earth-Science Reviews* **34**, 1 - 45 (1993); 伊藤孝士「地球赤道傾角の進化」月刊・地球 号外 No.10「全地球史解読」pp. 112 - 119 (1994)

48) G. E. Williams, "Proterozoic (pre-Ediacaran) glaciation and the high obliquity, low-latitude ice, strong seasonality (HOLIST) hypothesis: Principles and tests," *Earth-Science Reviews* **87**, 61 - 93 (2008)

49) W. R. Ward, "Climatic Variations on Mars 1. —— Astronomical Theory of Insolation," *J. Geophys. Res.* **79**, 3375 - 3386 (1974)

50) 川上紳一著『全地球凍結』(集英社新書、2003); 田近英一著『凍った地球——スノーボールアースと生命進化の物語』(新潮選書、2009); 川上紳一・東條文治著『地球史がよくわかる本』(秀和システム、2009); ガブリエル・ウォーカー著、川上紳一監修・渡会圭子訳『スノーボール・アース』(早川書房、2004)

51) Jack J. Lissauer & David M. Kary, "The Origin of the Systematic Component of Planetary Rotation," *Icarus* **94**, 126 - 159 (1991)

52) R. T. Giuli, "On the Rotation of the Earth Produced by Gravitational Accretion of Particles," *Icarus* **8**, 301 - 323 (1968)

53) S. Ida & K. Nakazawa, "Did Rotation of the Protoplanets Originate from the Successive Collisions of Planetesimals?" *Icarus* **86**, 561 - 573 (1990)

54) 薮内清著『天文学史』(朝倉書店、1955)

55) A. J. J. van Woerkom, "The astronomical theory of climate changes," —— [in:] *Climatic Change*, H. Shapley [Ed.], pp. 147 - 157, Harvard Univ. Press, Cambridge, 1960

56) James Blaine Scarborough, "The Gyroscope: Theory and Applications," Ch. X, Interscience Publishers Inc., New York, 1958

57) S. チャンドラセカール著、中村誠太郎監訳『チャンドラセカールの

「プリンキピア」講義―― 一般読者のために』［KS 物理専門書］ 第 23 章 (講談社、1998)

58) アーサー・I. ミラー著、阪本芳久訳『ブラックホールを見つけた男』(草思社、2009)

59) L. バダッシュ著、松井孝典訳「地球の年齢論争」日経サイエンス 10 月号、 pp. 96 - 103 (1989)

60) R. M. ウッド著、谷本勉訳『地球の科学史―― 地質学と地球科学の戦い』［科学史ライブラリー］第 4 章 (朝倉書店、2001)

61) 山本義隆著『重力と力学的世界――古典としての古典力学』第 15 章 (現代数学社、1981)

62) A. ハラム著、浅田敏訳『移動する大陸――地球生成の謎を解く』第 8 章 (講談社現代新書、1974)

63) Geoffrey I. Opat, "Coriolis and magnetic forces: The gyrocompass and magnetic compass as analogs," *Am. J. Phys*. **58**, 1173 - 1176 (1990)

64) 瀬藤憲昭、吉田俊博著『古典力学演習：ゴールドスタインの問題解説』第 1 版問題 V-15、物理学双書：別巻 (吉岡書店、1974)

65) W. B. Case & M. A. Shay "On the interesting behavior of a gimbal-mounted gyroscope," *Am. J. Phys*. **60**, 503 - 506 (1992)

66) Peter Goldreich, "History of the Lunar Orbit," *Rev. Geophys*. **4**, 411 - 439 (1966); C. A. Murray, "Vectorial Astrometry," Ch. 3 Adam. Hilger Ltd., Bristol, 1983; J. Laskar & P. Robutel, "The chaotic obliquity of planets," *Nature* **361**, 608 - 612 (1993)

67) D. Brouwer & G. M. Clemence, "Methods of Celestial Mechanics," Ch. 1, Academic Press, New York and London, 1961

68) R. P. ファインマン他著、富山小太郎訳『ファインマン物理学――II 光、熱、波動』第 23 章 (岩波書店、1965)

69) "nutation" *Encyclopaedia Britannica* vol. 8, p. 836, Encyclopaedia Britannica, Inc.,Chicago, 1990

70) J. Laskar, F. Joutel & P. Robutel, "Stabilization of the Earth's Obliquity by the Moon," *Nature* **361**, 615 - 617 (1993)

図の出典

図1：友田好文他、地球観測ハンドブック、東京大学出版会、1985 の 148 の図を編集

図2：ダンネマン、大自然科学史 9 巻、三省堂 74, 1979、（原出典；アラゴ全集 3 巻通俗天文学、54, 1854）

図3：文献 11) p.101

図5：文献 10) p.534

図6：文献 20)から

図7：文献 20)から

図8：文献 20)から

図9：渡辺慎介、一般力学入門、培風館、p.148 図を編集、1988

図10：E. F. Taylor, Introductory Mechanics, John Wiley & Sons, Inc., New York, p.225, 1963　から編集

図11：戸田盛和、コマの科学、岩波書店、p.108, 1980

図18：文献 20)から

写真2：Wikipedia　オスプレイから

写真3：Wikipedia　オスプレイから

図26(a),(b)：図 1 文献に同じ

図32：文献 37) p.72 図から

図33：文献 43) p.442-443（古今書院）を編集

図34：文献 48)から

図37(b)：文献 43) p.178

図45：文献 23) p.280 図を編集

図46：図 10 の文献に同じ, p.239

索引

あ行

rpm 18
アインシュタイン 21
アガシー 130
アクゼル 19
アンシュッツ=ケンプフェ 20
ウィリアムズ 6, 134, 214
ウェゲナー 5, 132, 174, 214
ウォード 134
HSP 89
エディントン 174
遠心力 37, 180
オイラー角 63
オイラーの公式 62
オールコック 19, 28
オスプレイ 78

か行

カークウッド 137
カーシェビング 6, 214
回転座標系 178
海洋底プレート 126
海嶺 126
ガウス 127
　——期 129
角運動量 67
角速度 67
　——の二乗則 185
慣性 13
　——系空間 60
　——テンソル 182, 198
慣性モーメント 67
　回転体の—— 167
　——の由来 168
基本ベクトル空間 59
逆行 25, 140
ギルバート 127

——期 129
空気穴 40
偶力のモーメント 41, 97
クエーサー 32
クギ状 45
首振り運動 42
クラブトリー 25
グレイ 46
係留コロ 16
ケッペン 132
ケプラーの第3法則 75, 89, 186
ケルビン 5, 21, 174, 214
公転ジャイロ効果 44, 70, 177, 203
公転による歳差 69
黄道北極 63, 142, 146
コックス 129
コリオリ力 37, 180
コロ 16

さ行

サーソン 15
サイクリック移動 59
歳差 33, 40, 142, 143
歳差運動 41, 44
歳差・逆転コンビ 117
逆立ちコマ 46
サニャック効果 23
産業革命 17
磁気コンパス 20
軸受摩擦モーメント 92
ジェフリーズ 5, 174, 214
磁石論 127
ジャイロ 14
ジャイロ効果 40
　——定数 205
ジャイロコンパス 14, 19
ジャイロスコープ 7, 13

ジェレット定数　47
車輪　16
シューメーカー・レヴィ彗星　141
シューラー　20
　——周期　120, 159
準星　32
自由コロ　16
重力ジャイロ効果　44, 71
重力による歳差　69
順行　25, 140
章動　132, 144
章動ジャンプ　117, 151
ジンバル　14, 102
心棒　14
垂直歳差　44
水平歳差　44
スカラー積　195
スノーボールアース説　6, 133
スペリー　21
澄む　41, 46
全球凍結説
双曲線関数　101
創造論　130

た行
ダーウィン　5, 214
大君の都　28
惰性　13
チェンバレン　138
力のモーメント　41
地球進化論　130
地質学的見地　5
地軸逆転説　6, 30, 156
地軸大傾斜説　6, 133
チモカリス　143
チャンドラセカール　150, 174
　——限界　174
TAI　89, 92
低緯度凍結　5, 133
ティスラン　150, 172
寺石良弘　6, 156, 214

寺石学説　30
電磁モーター　17
取舵　56
トルク　41

な行
内積　195
日月歳差　109
日露開戦　56
ニッケル　46
眠りゴマ　41, 46
年周光行差　144
年周視差　144

は行
パウリ　46
ハットン　5, 214
ハッブルの法則　32
ハッブル宇宙望遠鏡　141
パラダイム　5
バルーンレース　23
万有引力　75, 186
万有円力　185
ピッチ軸　55
ヒッパルコス　33, 109, 143
ピボット　15, 92
ヒュヘンホルツ　46
ファラデー　17
フーコー　15, 26
フーコーの振り子　19
藤村操　31
物理学的見地　5
プトレマイオス　143
ブラームス　46
ブラウン　21
ブラッドリー　144
プラトン年運動　142
振り子の周期　159
ブリュックナー　131
ブリュンヌ　128
　——期　129

プリンピキア　173
ブルーノ　128
プレートテクトニクス理論　5, 126
フロベニウス　57
プロペラ機　40
ベアリング　15, 45, 89, 92
ベクトルの外積　49
ペリー　7, 19, 25, 28, 214
ペンク　131
放射性元素　5
ボーア　46
hole in the air　40
ボーネンベルガー　15
ホフマン　6, 214

ま行

松山期　129
マントル物質　126
みそすり運動　42
源順　18
ミランコヴィッチ　131
　――サイクル　129
モファット　47

や行

ユークリッド幾何学　127
雪球地球説　6
ヨー軸　56

ら行

ライエル　5, 214
ラプラス　33, 137
離心率　138
リングレーザージャイロ　23
ロー軸　56
ローター　14
ロバートソン　15

わ

和名類聚抄　18

著者　原　憲之介（はら　けんのすけ）
　　　1943 年、北京市に生まれる。
　　　1966 年、東北大学理学部天文及び地球物理学科第一卒業。
　　　1972 年、東北大学大学院理学研究科天文学専攻博士課程修了、理学博士。
　　　1975 年〜 2010 年、宮城県内の公立・私立高等学校教諭。
　　　趣味：山歩き

ひっくり返る地球

2013 年 10 月 3 日　第 1 刷発行

発行所　㈱海鳴社　http://www.kaimeisha.com
　　　〒101-0065　東京都千代田区西神田 2 - 4 - 6
　　　 E メール：kaimei@d8.dion.ne.jp
　　　電話：03-3262-1967　ファックス：03-3234-3643

JPCA

本書は日本出版著作権協会（JPCA）が委託管理する著作物です。本書の無断複写などは著作権法上での例外を除き禁じられています。複写（コピー）・複製、その他著作物の利用については事前に日本出版著作権協会（電話：03-3812-9424、e-mail：info@e-jpca.com）の許諾を得てください。

発行者　辻　信行
組　版　海鳴社
印刷・製本　シナノ印刷

出版社コード：1097
ISBN 978-4-87525-299-3　　　　　　　　　©2013 in Japan by Kaimeisha
落丁・乱丁本はお買い上げの書店でお取替えください。

―――― 海鳴社 ――――

福士和之著
わかってしまう相対論――簡単に導ける $E=mc^2$

相対論と聞くと、「難しそう」というイメージを持つ人が大半なのではないだろうか？　だが、実は本当にあっけないほど簡単ににわかってしまうものなのだ。　46判204頁、1600円

川勝博著
川勝先生の物理授業

物理の授業に「非常に満足している」がなんと60％以上！　そんな授業があった！　そしてその授業が、生徒によってたんねんにコピーされ、そのコピーのそのまたコピーが、全国の先生方に高額で出回っていた。日本一といっていいであろう授業がここに全面公開される！

（上巻）A5判上製226頁、2400円
（中巻）A5判上製264頁、2800円
（下巻）A5判上製318頁、2800円

村上雅人著
なるほど虚数――理工系数学入門

高校数学の基本からオイラーの公式を導入し、そこからさまざまな結論を導く。さらに、物理学・工学の基本と虚数との関係を解説する過程で、微分方程式、量子力学などが分かりやすく説かれる。同著者の「なるほど」シリーズの原点にして理工系数学の俯瞰図でもある一冊。　　A5判180頁、1800円

―――― 本体価格 ――――